AF293485

Jan-Claudio Sachar

Perspektiven von Biomethan als Erdgassubstitut

Ökonomisches, ökologisches und technisches Potenzial

Bachelor + Master
Publishing

Sachar, Jan-Claudio: Perspektiven von Biomethan als Erdgassubstitut: Ökonomisches, ökologisches und technisches Potenzial. Hamburg, Diplomica Verlag GmbH 2012
Originaltitel der Bachelorarbeit: Untersuchung des Potenzials von Biomethan als Erdgassubstitut

ISBN: 978-3-86341-174-9
Druck: Bachelor + Master Publishing, ein Imprint der Diplomica® Verlag GmbH, Hamburg, 2012
Zugl. Georg-August-Universität Göttingen, Göttingen, Deutschland, Bachelorarbeit, 2011

Bibliografische Information der Deutschen Nationalbibliothek:
Die Deutsche Nationalbibliothek verzeichnet diese Publikation in der Deutschen Nationalbibliografie;
detaillierte bibliografische Daten sind im Internet über http://dnb.d-nb.de abrufbar.

Die digitale Ausgabe (eBook-Ausgabe) dieses Titels trägt die ISBN 978-3-86341-674-4
und kann über den Handel oder den Verlag bezogen werden.

Dieses Werk ist urheberrechtlich geschützt. Die dadurch begründeten Rechte, insbesondere die der Übersetzung, des Nachdrucks, des Vortrags, der Entnahme von Abbildungen und Tabellen, der Funksendung, der Mikroverfilmung oder der Vervielfältigung auf anderen Wegen und der Speicherung in Datenverarbeitungsanlagen, bleiben, auch bei nur auszugsweiser Verwertung, vorbehalten. Eine Vervielfältigung dieses Werkes oder von Teilen dieses Werkes ist auch im Einzelfall nur in den Grenzen der gesetzlichen Bestimmungen des Urheberrechtsgesetzes der Bundesrepublik Deutschland in der jeweils geltenden Fassung zulässig. Sie ist grundsätzlich vergütungspflichtig. Zuwiderhandlungen unterliegen den Strafbestimmungen des Urheberrechtes.

Die Wiedergabe von Gebrauchsnamen, Handelsnamen, Warenbezeichnungen usw. in diesem Werk berechtigt auch ohne besondere Kennzeichnung nicht zu der Annahme, dass solche Namen im Sinne der Warenzeichen- und Markenschutz-Gesetzgebung als frei zu betrachten wären und daher von jedermann benutzt werden dürften.

Die Informationen in diesem Werk wurden mit Sorgfalt erarbeitet. Dennoch können Fehler nicht vollständig ausgeschlossen werden, und die Diplomarbeiten Agentur, die Autoren oder Übersetzer übernehmen keine juristische Verantwortung oder irgendeine Haftung für evtl. verbliebene fehlerhafte Angaben und deren Folgen.

© Bachelor + Master Publishing, ein Imprint der Diplomica® Verlag GmbH
http://www.diplom.de, Hamburg 2012
Printed in Germany

Inhaltsverzeichnis

Abbildungsverzeichnis I

Abkürzungsverzeichnis II

1 Einleitung 1

1.1 Untersuchungsgegenstand, Methodik und Ziel 1

2 Grundlagen 3

2.1 Erdgas als Energieträger 3

2.2 Wachsende Relevanz erneuerbarer Energien 6

3 Die Wertschöpfungskette Biomethan 10

3.1 Beschaffung von Substraten und Festbrennstoffen 10

3.2 Erzeugung von Biomethan 14
   3.2.1 Gewinnung und Aufbereitung von Biogas 14
   3.2.2 Bio-SNG Synthese durch Vergasung 17

3.3 Biomethandistribution 20
   3.3.1 Einspeisung ins Erdgasnetz 20
   3.3.2 Biomethan auf dem Strom- und Wärmemarkt 22
   3.3.3 Biomethan als Kraftstoff 23

4 Potenzial von Biomethan 24

4.1 Annuitätenmethode 24

4.2 Methode der Ökobilanzierung 29

4.3 Technisches Potenzial 34

4.4 Politische Rahmenbedingungen 38

5 Fazit und Zukunftsaussichten 42

Literaturverzeichnis 45

Abbildungsverzeichnis

Abbildung 2.1: CO2- Emissionen fossiler Energieträger in kg CO_2/kWh Brennstoffeinsatz.....3

Abbildung 2.2: Volatilität und Abhängigkeit von Heizöl- und Erdgaspreisen....................6

Abbildung 2.3: Anteile der Energie aus Biomasse an der Endenergiebereitstellung 8

Abbildung 3.1: Referenzpfade von Biogassubstraten 11

Abbildung 3.2: Referenzpfade von Festbrennstoffen im mittelfristigen Anlagenkonzept 13

Abbildung 3.3: Referenzpfade von Festbrennstoffen im langfristigen Anlagenkonzept.........14

Abbildung 3.4: Prozessstufen der Biogasherstellung......................15

Abbildung 3.5: Grobaufbau von Festbett-, Wirbelbett- und Flugstromvergasern 18

Abbildung 3.6: Erdgasnetz und Untergrundspeicher Deutschland......................21

Abbildung 4.1: Kalkulationsmodell der dynamischen Annuitätenmethode...........................25

Abbildung 4.2: Biomethangestehungskosten der unterschiedlichen Referenzkonzepte........26

Abbildung 4.3: Vergleich von Biokraftstoffgestehungskosten 28

Abbildung 4.4: Well to Wheel-Kosten für Biomethan und Erdgas......................28

Abbildung 4.5: THG- Emissionen Blockheizkraftwerk.................30

Abbildung 4.6: THG- Emissionen Gas- und Dampfheizkraftwerk 31

Abbildung 4.7: kumulierter nicht erneuerbarer Energieverbrauch Blockheizkraftwerk..........34

Abbildung 4.8: kumulierter nicht erneuerbarer Energieverbrauch
Gas-Dampfheizkraftwerk 34

Abbildung 4.9: Technisches Biomethanpotenzial......................35

Abbildung 4.10: Entwicklung der Anzahl von Biomethananlagen 36

Abbildung 4.11: Flächenerträge und Potenzial von Energiepflanzen.....................37

Abbildung 4.12: Einheitlicher Bonus für BHKWs verschiedener Leistungsklassen................40

Abkürzungsverzeichnis

BHKW	Blockheizkraftwerk
DBFZ	Deutsches Biomasse Forschungszentrum
DVGW	Deutscher Verein des Gas- und Wasserfachs
EEG	Erneuerbare Energien Gesetz
EEWärmeG	Erneuerbare Energien Wärmegesetz
GuD	Gas- und Dampfheizkraftwerk
KUP	Kurzumtriebsplantagen
KTBL	Kuratorium für Technik und Bauwesen in der Landwirtschaft
KWF	Kuratorium für Waldarbeit und Forsttechnik e.V.
LNG	Liquefied Natural Gas
Nawaro	Nachwachsende Rohstoffe
ppm	parts per minute
SNG	Synthetic Natural Gas

1 Einleitung

1.1 Untersuchungsgegenstand, Methodik und Ziel

Bis heute beruht der Großteil der bereitgestellten Endenergie auf fossilen Energieträgern. In den letzten Jahren wurde sich jedoch verstärkt mit den Problemen dieser Energieträger beschäftigt. So nahm man sich ihre Endlichkeit und ihre negativen Umweltauswirkungen zum Anlass, Alternativen zu finden, mit deren Hilfe eine Chance auf Kompensation dieser Nachteile besteht. Hauptaugenmerk liegt demnach stets darauf, nachhaltige, also erneuerbare und umweltfreundliche Energiequellen zu erschließen. Neben der altbekannten Nutzung von Wind- und Wasserkraft haben sich im Bereich regenerativer Energien auch die Photovoltaik und die Energie aus Biomasse etabliert.[1] Vor allem Biomasse bietet zahlreiche Nutzungsmöglichkeiten und großen Spielraum für innovative Verwertungspfade. Neben der klassischen Verbrennung von Feststoffen hat sich so auch die vorgelagerte Umwandlung in flüssige und gasförmige Energieträger bewährt.[2] Ein Pfad für die Bereitstellung der Energie aus gasförmiger Biomasse ist die Erzeugung von Biogas bzw. Bio-SNG mit anschließender Aufbereitung zu Biomethan, das als solches ins Erdgasnetz eingespeist werden kann. Im Zuge dieser Arbeit wird geklärt, wie und in welchem Maße es hierdurch das konventionell genutzte Erdgas ersetzen könnte. Es soll zudem die Frage beantwortet werden, ob eine Umwandlung von Biogas bzw. Bio-SNG zu Biomethan unter ökonomischen sowie ökologischen Aspekten lohnenswert ist und inwieweit eine Substitution von Erdgas unter den gegebenen technischen, aber auch rechtlichen Rahmenbedingungen möglich ist.

Um sich in die Thematik einzufinden und die Problemstellung zu erkennen, wird in Kapitel zwei der Arbeit das mit gewissen Nachteilen behaftete, fossile Erdgas beleuchtet. Hierbei wird auf seine fehlende Nachhaltigkeit, seine Umweltverträglichkeit und die mit Erdgas verbundene Importabhängigkeit Deutschlands eingegangen. Auch wird das Problem der Ölpreisbindung aufgegriffen. Zudem werden die rechtlichen Rahmenbedingungen, die Zielsetzungen für alternative Energieträger aus erneuerbaren Quellen sowie die Rolle von Biomethan in diesem Kontext erläutert.

Zum Zweck der Definition des Untersuchungsgegenstandes befasst sich Kapitel drei mit den Beschaffungsmechanismen für Biomasse, der Erzeugung von Biomethan über die bio-chemische anaerobe Fermentation und die thermo-chemische Vergasung sowie den Absatzmärkten dieses Gases. Die Beschreibung der beiden Bereitstellungspfade beginnt hierbei mit den wesentlichsten Prozessen der Beschaffung von Biogassubstraten und SNG-Festbrennstoffen. Die Erläuterung der Produktion von Biomethan mittels bio-chemischem

---

[1] Vgl. Bundesministerium für Umwelt, Naturschutz und Reaktorsicherheit (a).

[2] Vgl. Bundesministerium für Umwelt, Naturschutz und Reaktorsicherheit (b).

Verfahren beschränkt sich größtenteils auf die Aufbereitung von Biogas auf Erdgasqualität. Die Gewinnung von Biomethan mittels thermo-chemischer Konversion wird ausführlicher beschrieben, sodass hier neben dem Aufbereitungsverfahren auch anlagentechnische Beispiele für die Konversion, das heißt die Vergasung, erklärt werden. Zuletzt wird in diesem Kapitel auf die Biomethan Einspeisung und die drei Absatzmärkte für Biomethan eingegangen.

In Kapitel vier der Arbeit soll das Potenzial von Biomethan als Erdgassubstitut aufgezeigt werden. Zwecks ökonomischer Beleuchtung werden zunächst die mittels Annuitätenmethode ermittelten Gestehungskosten von Biomethan mit dem Erdgaspreis verglichen. Zudem werden die ökologischen Auswirkungen von Biomethan durch eine Ökobilanzierung für diverse Verwertungspfade von Biomethan und Erdgas aufgezeigt. Für die Ermittlung der Treibhausgasemissionen und der nicht erneuerbaren kumulierten Energieverbräuche von Blockheizkraftwerken sowie Gas- und Dampfheizkraftwerken wurde die Ökobilanzierungs-software GEMIS verwendet, die vom Institut für angewandte Ökologie bereitgestellt wird. Um die Umweltauswirkungen der beiden Gase zu vergleichen, werden auch hier die Ergebnisse gegenübergestellt. Nach Betrachtung der ökonomischen und ökologischen Aspekte, wird das technische Potenzial von Biomethan analysiert. Unter Berücksichtigung dieser drei Untersuchungsansätze werden anschließend Optimierungsmöglichkeiten abgeleitet, die zu einer erfolgreichen Marktetablierung von Biomethan beisteuern könnten.

Kapitel fünf widmet sich den politischen Rahmenbedingungen für Biomethan, die wesentlichen Einfluss auf die aktuelle und zukünftige Rolle von Biomethan in der Energiewirtschaft haben. Es werden Fördermechanismen und Problemstellungen für den Wärme-, Strom- und Kraftstoffmarkt erläutert, um die aktuelle Situation und eventuellen Handlungsbedarf aufzuzeigen.

Im sechsten und letzten Kapitel der Arbeit wird ein auf der vorgenommenen Untersuchung basierendes Fazit gezogen. Zudem werden mögliche Zukunftsaussichten für das Potenzial von Biomethan als Erdgassubstitut beschrieben.

Ziel der Arbeit ist es, den Stand, die Entwicklung und die Rahmenbedingungen für die Bereitstellung und Nutzung von Biomethan auf dem derzeitigen und zukünftigen Energiemarkt zu ermitteln und so die Perspektiven und das Potenzial von Biomethan als Erdgassubstitut zu verdeutlichen.

2 Grundlagen

2.1 Erdgas als Energieträger

Unter dem Begriff Energieträger werden jene Stoffe zusammengefasst, welche in der Lage sind, physikalische Arbeit zu leisten. Grundsätzlich unterscheidet man zwischen Primär- und Sekundärenergieträgern. Während Primärenergieträger, wie z.B. Steinkohle, Mineralöl oder Erdgas, in ihrer ursprünglichen Form in der Natur vorkommen, lassen sich die für den Endverbraucher nutzbaren Sekundärenergieträger nur durch entsprechende Aufbereitungs-verfahren gewinnen. Beispiele für derartige Energieträger sind Kraftstoffe, Heizöl oder elektrischer Strom. Aber auch Erdgas, das in seiner chemischen Zusammensetzung oft stark variiert, kann durch diverse Verfahren in Brennwert homogenes Erdgas gewandelt werden und auf diese Weise als Sekundärenergieträger dienen. Erst wenn diese Homogenität und somit auch eine einfache Einsetzbarkeit gewährleistet ist, ist die Energie aus Erdgas für den Endnutzer geeignet bzw. zugänglich.[3]

Erdgas ist ein gasförmiger Energieträger, der zum größten Teil aus oxidierbaren chemischen Substanzen besteht. Für die Energieerzeugung essenziell und im Erdgas mengenmäßig am stärksten vertreten ist das brennbare Gas Methan (CH_4). Anhand des Methangehaltes wird das Erdgas auch in niederkalorisches Low-Gas (80%-87%) und hochkalorisches High-Gas (87%-99%) unterteilt. Durch den höheren Methananteil weist das High-Gas neben einem gesteigerten Energiegehalt auch geringere Mengen an Kohlenstoffdioxid und Stickstoff auf, was sich bei einem Einsatz als Brennstoff positiv auf die CO_2-Emissionen auswirkt.[4] Erweitert man diesen Vergleich auf die anderen fossilen Energieträger, so zeigt sich, dass Erdgas im Brennstoffeinsatz die geringsten CO_2-Emissionen verursacht (Abbildung 2.1).

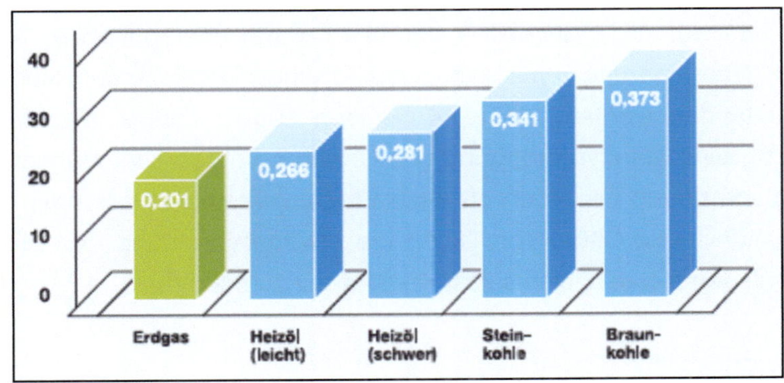

Abbildung 2.1: CO2- Emissionen fossiler Energieträger in kg CO_2/kWh Brennstoffeinsatz

Quelle: [Bayerngas]

---

[3] Vgl. Wirtschaftslexikon Gabler.

[4] Vgl. Energie Agentur NRW.

Aber wie alle fossilen Energieträger hat auch Erdgas zwei entscheidende Nachteile. Der erste Nachteil besteht darin, dass auch vergleichsweise geringe CO_2-Emissionen, wie sie Erdgas aufweist, den Treibhauseffekt fördern. Eine Verbrennung hat somit, wie auch bei den anderen fossilen Energieträgern, negative Auswirkungen auf die Umwelt. Der zweite Nachteil liegt in seiner Endlichkeit. Dieser Nachteil kann bei Betrachtung der weltweiten Erdgasreserven zwar relativiert werden, da die gegenwärtig förderbaren Reserven noch eine statistische Reichweite von 60 Jahren aufweisen, aber speziell für Deutschland spielt die Tatsache, dass seine zurzeit noch vorhandenen Erdgasreserven früher oder später aufgebraucht sein werden, eine große Rolle.[5] Grund hierfür sind die im Vergleich zu anderen Ländern geringen Reserven und Ressourcen an Erdgas.[6] Zudem sind in Deutschland in den letzten Jahren sowohl die gesicherten Reserven als auch die Produktion von Erdgas zurückgegangen, wohingegen der Verbrauch, wenn man einmal von den Krisenjahren 2008 bzw. 2009 absieht, stetig anstieg.[7] Dieses Bild wird durch eine Veröffentlichung des Landesamtes für Bergbau, Energie und Geologie untermauert. Während für Deutschlands sichere und wahrscheinliche Erdgasreserven am 1. Januar 2009 noch eine statistische Reichweite von 12 Jahren geschätzt wurde, ergab diese Schätzung ein Jahr später nur noch eine Reichweite von 10,5 Jahren.[8] Zu erwähnen ist jedoch, dass Deutschland nur einen kleinen Anteil seines Erdgasbedarfes durch inländisches Gas deckt und somit nur in geringem Maße auf diese Reserven angewiesen ist. So waren es im Jahr 2009 beispielsweise nur 13% der Gesamtnachfrage, die durch eigenes Erdgas befriedigt wurden.[9] Große Teile kamen und kommen via Pipeline oder LNG-Transport aus Ländern wie Russland, Norwegen oder den Niederlanden. Das heißt, Deutschland weist für den Energieträger Erdgas eine hohe Importabhängigkeit auf. Im Falle eines vollständigen Verbrauchs der eigenen Reserven müsste, bei gleichbleibendem Erdgasverbrauch, eine Substitution dieses Anteils durch eine entsprechende Erweiterung der Erdgasimporte stattfinden. Die Folge wäre, dass Deutschland vollständig auf Gas aus anderen Ländern angewiesen wäre.

Ein weiteres Problem von Erdgas ist seine Bindung an den Roh- bzw. Heizölpreis. Die Ölpreisbindung ist zwar nicht gesetzlich verankert, kann aber als eine Art internationale brancheninterne Vereinbarung zwischen ausländischen Produzenten und europäischen Importeuren verstanden werden. Sie wurde in den 1960er Jahren eingeführt und diente ursprünglich dazu, eine Marktverdrängung von Öl durch Erdgas zu verhindern. Denn da bei der Ergründung von neuen Ölquellen oft auch Erdgasvorkommen gefunden wurden, waren die Gasproduzenten meist Ölförderer. Durch die erwähnte Bindung des Erdgaspreises an den Ölpreis vermieden sie also, sich selbst Konkurrenz zu machen.[10]

---

[5] Vgl. Bischof 2008, S. 111.

[6] Vgl. BP p.l.c., S. 22.

[7] Vgl. BP p.l.c., S. 24-29.

[8] Vgl. Landesamt für Bergbau, Energie und Geologie 2010, S. 4.

[9] Vgl. Kroneberg, Boehnke 2010, S. 43.

[10] Vgl. Verivox (a).

Um den Sachverhalt der Preisbindung näher zu erläutern, soll der betroffene Markt beleuchtet werden. Grundsätzlich besteht dieser aus zwei Teilmärkten. Der erste Teilmarkt ist der Erdgas-Importmarkt, auf dem die staatlichen und privaten Produktionsgesellschaften auf der einen und die Import- und Ferngasgesellschaften auf der anderen Seite agieren. Der zweite Teilmarkt ist der nationale Erdgas-Weiterverteiler-Markt, auf dem die Import- und Ferngasgesellschaften wiederum regionalen oder lokalen Verteilunternehmen gegenüberstehen. Die Parteien des Erdgas-Importmarktes schließen in der Regel langfristige Verträge (Take-or-Pay Verträge), in denen sich die Import- und Ferngasgesellschaften verpflichten müssen, auch im Fall einer Nichtabnahme einen gewissen Prozentsatz des Beschaffungspreises zu zahlen. Was die Bestimmung des Preises anbelangt, so enthalten die Verträge oft Regelungen in Form von Preisgleitklauseln. Durch diese Klauseln fließt für gewöhnlich der Öl- bzw. Heizölpreis in den Erdgaspreis mit ein. Folglich führt eine Erhöhung des Ölpreises, mit einer gewissen Verzögerung, auch zu einer Erhöhung des Erdgaspreises. Die langfristigen Verträge sichern der Produktionsgesellschaft zwar ihren Absatz, aber weil die Preise von zukünftigen Marktbewegungen abhängig sind, trägt sie als Exporteur auch das Preisrisiko. Umgekehrt verhält es sich mit den Import- und Ferngasgesellschaften. Für sie besteht das Risiko, die abgenommenen Mengen nicht absetzen zu können. Dieses Risiko wird jedoch insofern reduziert, als das der Preis des Erdgases durch die eben erläuterten Preisgleitklauseln an das Roh- bzw. Heizöl gebunden ist und so nicht durch selbiges vom Markt verdrängt werden kann. Langfristige Verträge mit Preisgleitklauseln sind aber nicht nur auf diesem Teilmarkt, sondern auch auf dem Erdgas-Weiterverteiler-Markt und zum Teil sogar zwischen Gasversorgern und Verbrauchern üblich.[11]

Die Alternative zu den langfristigen Verträgen ist der Spot- oder Terminhandel, bei dem die beschriebenen Risiken entfallen. Geschäfte auf dem Spot- und Terminmarkt haben vor allem seit Ende des Jahres 2008 an Bedeutung gewonnen. Zu diesem Zeitpunkt gab es in Europa durch die Rezession und den einhergehenden Nachfragerückgang ein Überangebot an Erdgas, wodurch eine Entkoppelung der Spot- bzw. Terminmarktpreise von den ölpreisabhängigen Preisen der Take-or-Pay Verträge stattfand. Weil die Preise des Spot- und Terminmarktes nun niedriger waren, stieg sowohl das Handelsvolumen als auch die Relevanz europäischer Gashubs.[12] Hinzukommt, dass der Bundesgerichtshof Karlsruhe im März 2010 die Preisgleitklauseln in Verträgen zwischen Gasversorgern und Verbrauchern aufgrund mangelnder Transparenz für ungültig erklärte. Hierdurch gelang es, bezüglich der Preisbildung von Erdgas einen ersten Schritt in Richtung freie Marktwirtschaft zu tätigen. Die übrigen Marktteilnehmer sind von diesem Beschluss jedoch nicht betroffen, was dazu führt, dass die langfristigen Verträge mit Preisgleitklauseln hier nach wie vor dominieren und die Preise für Erdgas so weiterhin von den Roh- bzw. Heizölpreisen abhängen.[13] In der Folge bedeutet das, dass zum Beispiel politische Instabilitäten in den ölexportierenden Ländern oder ein starker Dollar den Erdgaspreis in die Höhe treiben können, obwohl er hiervon

---

[11] Vgl. Erdmann, Zweifel 2008, S. 234-236.

[12] Vgl. Kroneberg, Boehnke 2010, S. 40.

[13] Vgl. Verivox (b).

eigentlich gar nicht tangiert werden würde. Doch weil diese Abhängigkeit besteht, weist der Erdgaspreis, so wie der Ölpreis, eine sehr starke Volatilität auf. Dass der Ölpreis sehr hohen Schwankungen unterliegt, wird vor allem deutlich, wenn man den Zeitraum 2007 bis 2010 in Abbildung 2.2 betrachtet. Bei einem Vergleich dieser durch Take-or-Pay Verträge zustande kommenden Preise und den Preisen auf dem Spot- bzw. Terminmarkt fällt zudem auf, dass vor allem der Preis des Spotmarktes nach wie vor deutlich unter dem Preis liegt, der den langfristigen Verträgen zugrunde liegt.[14] Dies weist darauf hin, dass der durch die Ölpreis-bindung festgelegte Erdgaspreis scheinbar nicht allzu viel mit einem Preis gemeinsam hat, der durch einen „freien Markt" zustande kommen könnte.

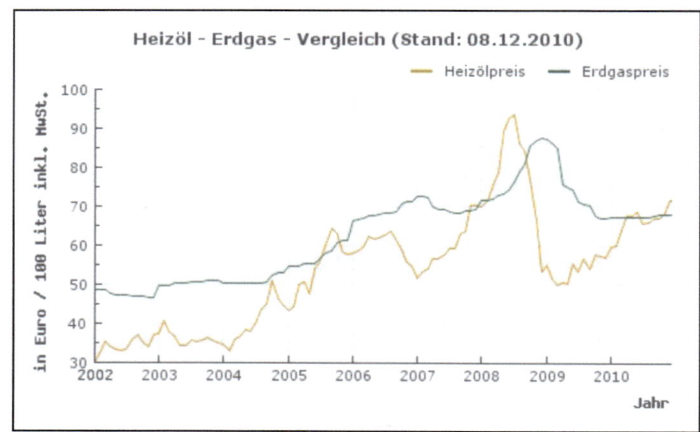

Abbildung 2.2: Volatilität und Abhängigkeit von Heizöl- und Erdgaspreisen

Quelle: [fastenergy]

2.2 Wachsende Relevanz erneuerbarer Energien

Um den im vorangehenden Unterkapitel erläuterten Nachteilen von fossilen Energieträgern zu begegnen, beschäftigt sich die Bundesregierung schon seit geraumer Zeit mit dem Thema der regenerativen Energien. Eine gesetzliche Verankerung fand zum ersten Mal mit dem Stromeinspeisungsgesetz von 1991 statt, in dem Stromversorger zur Abnahme und Einspeisung von Strom aus erneuerbaren Energiequellen verpflichtet wurden. Abgelöst wurde dieses Gesetz im Jahr 2000 von dem Erneuerbaren Energien Gesetz (EEG), das in den Jahren 2004 und 2009 novelliert wurde. Aus den Gesetzen wird ersichtlich, dass sich das EEG seit der Novellierung im Jahr 2004 speziell auf den Strombereich bezieht.[15] Das Ziel des Gesetzes blieb aber im Wesentlichen das gleiche, nämlich „[…] im Interesse des Klima- und Umweltschutzes eine nachhaltige Entwicklung der Energieversorgung zu ermög-lichen, volkswirtschaftliche Kosten der Energieversorgung auch durch die Einbeziehung langfristiger externer Effekte zu verringern, fossile Energieressourcen zu schonen und die Weiterentwicklung von Technologien zur Erzeugung von Strom aus Erneuerbaren Energien

---

[14] Vgl. Kroneberg, Boehnke 2010, S. 41-43.

[15] Vgl. Energiewissen.

zu fördern."[16] Dass bezüglich dieses Ziels durchaus Erfolge verzeichnet werden können, lässt sich zum Beispiel daran erkennen, dass sowohl die quantifizierten Zielvorstellungen des EEG aus dem Jahr 2000 als auch die des Jahres 2004 früher als gedacht erfüllt wurden. So verdoppelte sich der Anteil erneuerbarer Energien am gesamten Energieverbrauch, wie im EEG 2000 gefordert, bereits im Jahr 2006. Auch der im EEG 2004 vorgesehene 12,5% Anteil von erneuerbaren Energien am gesamten Stromverbrauch, der ursprünglich erst 2010 erreicht werden sollte, wurde schon im Jahr 2007 erreicht.[17] Das der veranschlagte Anteil am gesamten Stromverbrauch für das Jahr 2020 von 20% im EEG 2004 auf mindestens 30% im EEG 2009 erhöht wurde, ist ein weiteres Indiz für eine gewisse Zuversicht bezüglich des Potenzials regenerativer Energien.[18]

Seit Anfang 2009 wurden Forderungen des EEG, die im Zusammenhang mit der Wärmebereitstellung aus erneuerbaren Energien stehen, in das Erneuerbare Energien Wärmegesetz separiert. Das EEWärmeG sieht für das Jahr 2020 eine Wärmebereitstellung aus regenerativen Energien von 14% vor.[19] Bei einer Wachstumsrate von etwa 123% (1999-2009) und einem Anteil von 8,8% im Jahr 2009 scheint die Erreichung dieses Ziels nicht unrealistisch.[20]

Zu den erneuerbaren Energien, die durch das EEG gefördert werden sollen, gehören neben Windenergie, Solarenergie, Wasserkraft und Geothermie auch die Energie aus Biomasse. Mit einem Gesamtanteil von fast 70% an der im Jahr 2009 durch erneuerbare Energien bereitgestellten Endenergie, kann Biomasse durchaus als wichtigster erneuerbarer Energieträger Deutschlands bezeichnet werden. Hervorzuheben ist auch seine Vielseitigkeit. Während beispielsweise Wind- oder Wasserkraft nur zur Erzeugung von elektrischem Strom genutzt werden können, ist die in fester, flüssiger und gasförmiger Form vorkommende Biomasse neben der Stromerzeugung auch zur Erzeugung von Wärme und für die Verwendung als Kraftstoff geeignet. Abbildung 2.3 zeigt die verschiedenen Anteile von Energie aus Biomasse anhand dieser Einsatzbereiche. Zwar lag der Beitrag biogener Kraftstoffe zur Endenergiebereitstellung im Jahr 2009 bei 13,8%, aber ihr Anteil am gesamten Kraftstoffverbrauch nur 5,5% aus.[21] In diesem Zusammenhang gibt es neben dem EEG noch weitere Vorgaben, die ausschließlich den Kraftstoffsektor betreffen. So fordert die Europäische Union mit der Richtlinie 2009/28/EG und 2009/30/EG für das Jahr 2020 neben einer Steigerung dieses Anteils von 5,5% auf 10% eine gleichzeitige Reduzierung der im Verkehrssektor entstehenden Treibhausgase um bis zu 10%.[22]

---

[16] Bundesministerium der Justiz, Juris GmbH.

[17] Vgl. Bundesministerium für Umwelt, Naturschutz und Reaktorsicherheit (c) 2009, S.7.

[18] Vgl. Bundesgesetzblatt online.

[19] Vgl. Bundesministerium für Umwelt, Naturschutz und Reaktorsicherheit (d).

[20] Vgl. Bundesministerium für Umwelt, Naturschutz und Reaktorsicherheit (c) 2009, S.7.

[21] Vgl. Bundesministerium für Umwelt, Naturschutz und Reaktorsicherheit (c) 2009, S.4.

[22] Vgl. Deutsche Energie-Agentur GmbH 2010 (a).

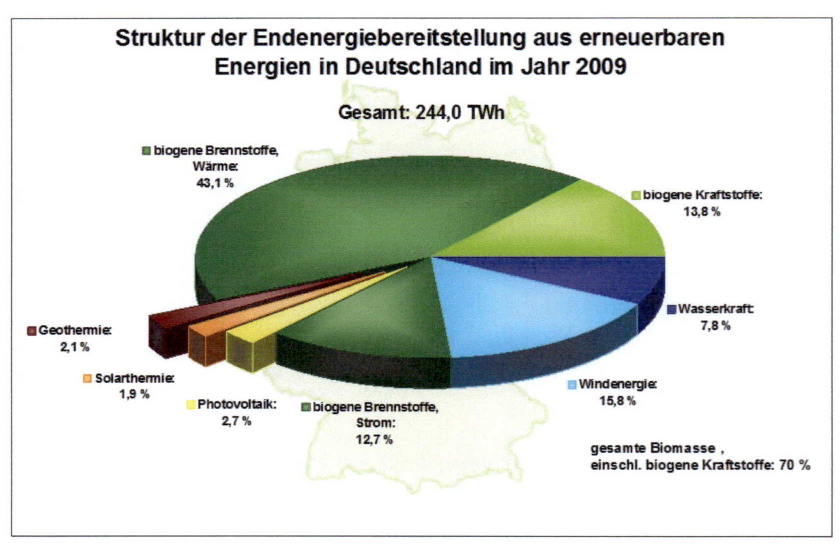

Abbildung 2.3: Anteile der Energie aus Biomasse an der Endenergiebereitstellung

Quelle: [Bundesministerium für Umwelt, Naturschutz und Reaktorsicherheit 2009 (c)]

Für die Energiegewinnung aus Biomasse war vor allem die Novellierung des EEG im Jahr 2004 von großer Bedeutung, weil sie unter anderem Subventionen für den Einsatz von nachwachsenden Rohstoffen einführte. Um von dem Nawaro-Bonus profitieren zu können, erforderte es jedoch gewisse Umgestaltungen. Denn während Biomasseheizwerke seit jeher mit nachwachsenden Rohstoffen wie Holz, Stroh oder Getreide Energie erzeugen, stellten sich bei den Biogasanlagen, die auch Gülle, Mist und Bioabfälle zur Energieerzeugung nutzten, völlig neue technische und biologische Anforderungen an die Anlagentechnik und Prozessführung.[23]

Doch war dies nicht die einzige Herausforderung für die Gewinnung von Energie durch Biogasanlagen. Die Energieerzeugung über die Verwertung von Biogas erfolgt durch sogenannte Blockheizkraftwerke. In diesen wird es mithilfe von Verbrennungsmotoren über einen Generator in elektrischen Strom gewandelt und ins öffentliche Stromnetz eingespeist. Im Fall der Verstromung ist es somit möglich, die entstandene Energie zu transportieren. Anders verhält es sich mit der bei der Verbrennung parallel entstehenden Wärme, die zum einen durch die Wasserkühlung des Verbrennungsmotors und zum anderen durch die Kühlung der heißen Abgase mittels Wärmetauscher nutzbar gemacht wird. Aufgrund der hohen Verluste beim Transport der Wärme, kann diese nur zum Heizen von nahegelegenen Wohnhäusern oder dem Fermenter der Biogasanlage genutzt werden.[24] Die bereitgestellte Wärme kann jedoch an den Produktionsstandorten bzw. in deren Nähe nur selten vollständig ausgenutzt werden. Um Biogas für die Wärmebereitstellung auch ortsungebunden nutzen zu können, musste ein Weg gefunden werden, den Ort der Biogasherstellung vom Ort des Wärmeabsatzes zu entkoppeln.

---

[23] Vgl. Weiland 2009, S. 14.

[24] Vgl. Fachagentur Nachwachsende Rohstoffe e.V. (a) 2009, S. 12-13.

Energie aus Biomasse ist aufgrund ihrer Vielfältigkeit und ihrem CO_2-Reduktionspotenzial essenziell für die Verwirklichung der Ziele der Bundesregierung und der EU. Speziell eine standortunabhängige Nutzung von Biogas trägt großes Potenzial in sich. So könnten mithilfe der Substitution von Erdgas durch Biogas sowohl die Emissionen, die bei der Stromerzeugung in Blockheizkraftwerken und beim Heizen mit Erdgasheizkesseln entstehen, als auch die Emissionen, die von Erdgasautos verursacht werden, wesentlich gemindert werden. Da mit dem vorhandenen Erdgasnetz bereits eine adäquate Infrastruktur für den Transport von Gas gegeben ist, liegt eine Einspeisung von Biogas in dieses Netz nahe. Um das konventionelle Biogas einspeisen zu können und es so über lange Distanzen transportieren zu können, muss es jedoch zunächst durch aufwendige Aufbereitungsverfahren auf Erdgasqualität gebracht werden. Das Biogas wird im Zuge der Aufbereitung unter anderem einer Methananreicherung unterzogen. Aus diesem Grund wird aufbereitetes, einspeisefähiges Biogas in der Regel als Biomethan bezeichnet.[25] In den folgenden Ausführungen wird ebenfalls dieser Begriff verwendet.

---

[25] Vgl. Fachagentur Nachwachsende Rohstoffe e.V. (a) 2009, S. 13-14.

3 Die Wertschöpfungskette Biomethan

Um den Untersuchungsgegenstand der Arbeit zu definieren und die zugrunde liegenden Kontextfaktoren zu beleuchten, befassen sich die folgenden Kapitel mit der Wertschöpfungskette Biomethan. Das Gas kann grundsätzlich über zwei Verfahren zur Verfügung gestellt werden. Über die bio-chemische anaerobe Fermentation von Substraten und die thermochemische Vergasung von Festbrennstoffen. In den folgenden Abschnitten werden die drei betrieblichen Funktionen Beschaffung, Produktion und Absatz für beide Verfahren beleuchtet.[26]

3.1 Beschaffung von Substraten und Festbrennstoffen

Aufgrund der dezentralen Aufkommensstruktur von Biomasse, die einer zum Teil dezentralen und zum Teil zentralen Abnehmerstruktur gegenüber steht, spielt die Biomasselogistik in Bezug auf die gesamte Bereitstellungskette von Biomethan eine wichtige Rolle. Dabei werden unter dem Begriff Biomasselogistik alle Tätigkeiten subsumiert, die der Verfügbarmachung eines Substrates für das bio-chemische Verfahren oder der eines Brennstoffs für das thermo-chemische Verfahren dienen.[27]

Sowohl in der Biomasselogistik als auch in der Produktion haben sich für die Biogas- und Bio-SNG Anlagen kurz-, mittel-, und langfristige Referenzkonzepte entwickelt, für die sich folgende Bezeichnungen etabliert haben:

- BG-2010-NAWARO/GUE-5 MW-1/2
- BG-2020-NAWARO/ABF/GUE-10 MW-1/2
- BG-2030-NAWARO/ABF/GUE-10 MW-1/2
- SNG-2010-WRH-22 MW-1/2
- SNG-2020-KUP/WRH/STR-75/77 MW-1/2
- SNG-2030-KUP/WRH/STR-380/293 MW-1/2[28]

Die Benennung setzt sich im Grunde aus dem Anlagentyp, dem Einführungsjahr des Konzeptes, den Einsatzstoffen und dem Leistungsoutput zusammen. Zuletzt dient die Kennzeichnung mit der Zahl 1 oder 2 dazu, zwei bei diesem Konzept mögliche Produktionspfade voneinander abzugrenzen. In Kapitel 4 der Arbeit werden diese Bezeichnungen für die kurz-, mittel- und langfristigen Konzepte wieder aufgegriffen, um sie hinsichtlich ihrer ökonomischen Aspekte zu vergleichen. Anhand der Referenzkonzepte wird deutlich, dass bei der Biomethanherstellung unterschiedliche Bereitstellungsobjekte Verwendung finden. Während Biogasanlagen mit Substraten wie nachwachsenden Rohstoffen, Gülle und Abfällen arbeiten, kommen bei Bio-SNG Anlagen Festbrennstoffe wie Waldrestholz, Holz von Kurzumtriebsplantagen und Stroh zum Einsatz. Entsprechend der Diversität der Einsatzstof-

---

[26] Vgl. Müller- Langer et al. 2008, S. 12.

[27] Vgl. Müller- Langer et al. 2009, S. 14.

[28] Vgl. Müller- Langer et al. 2009, S. 15-17.

fe weist die Biomasselogistik verschiedene Beschaffungsvorgänge auf. Wie sich diese Vorgänge im Fall von Gülle (R_1), nachwachsenden Rohstoffen (R_2), Abfällen (R_3) und Getreide (R_4) zusammensetzen, zeigt Abbildung 3.1.

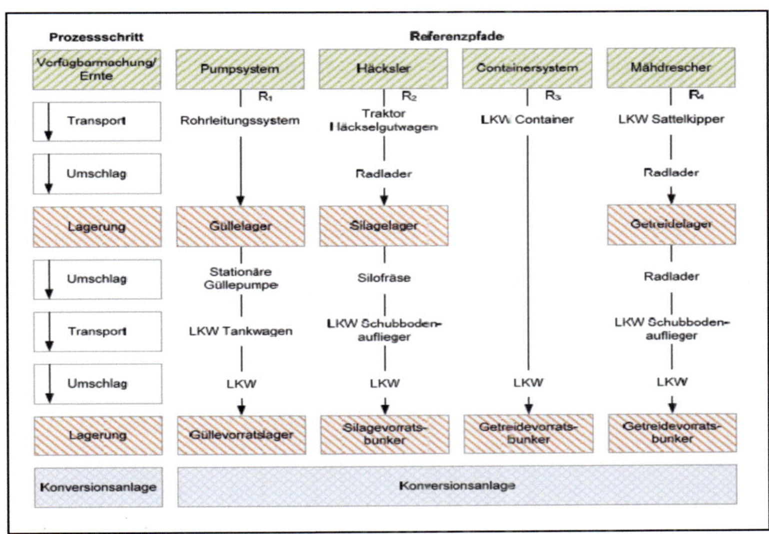

Abbildung 3.1: Referenzpfade von Biogassubstraten

Quelle: [Müller- Langer et al. 2009]

Wie die Referenzpfade R_2 und R_4 zeigen, erfolgt die Ernte von landwirtschaftlichen Pflanzen für die Biomethanherstellung durch konventionelle Erntemaschinen. Die nachwachsenden Rohstoffe werden bei der Ernte gehäckselt und anschließend siliert, um adäquat gelagert werden zu können. Bei Bedarf werden sie dann mittels LKW in die Silagevorratsbunker der Biogasanlagen transportiert, in denen sie bis zu ihrer Verwendung lagern. Bei Getreide entfällt der Häckselprozess, sodass dieses sofort eingelagert werden kann, bis es via LKW zum Getreidevorratsbunker der Konversionsanlagen gefahren wird. Da für landwirtschaftliche und industrielle Abfälle bereits eine Entsorgungsinfrastruktur besteht, wird diese für die Bereitstellung der Einsatzstoffe genutzt. Die für die Biomethanherstellung genutzte Gülle wird demnach vor Ort in ein Güllelager geleitet. Um sie weiter zu transportieren, wird sie mithilfe einer stationären Pumpe in einen Tankwagen befördert, den ein Lkw dann zu dem Güllevorratslager der Biogasanlagen fährt. Vergleichsweise einfach gestaltet sich die Logistik bei industriellen Abfällen. Diese werden wie üblich in einem Container gesammelt und anschließend mit dem LKW zur Konversionsanlage transportiert, wo sie zusammen mit dem Getreide in dessen Vorratsbunker gelagert werden. Die Vorratslager der Biogasanlagen weisen in der Regel Kapazitäten für einen Zeitraum von drei bis fünf Tagen auf. Sie sind so gestaltet, dass die gelagerten Substrate keine Qualitätsverluste erleiden und den jeweiligen Anforderungen der Biogasanlagen entsprechen.[29]

Um einen kontinuierlichen Betrieb zu ermöglichen, muss eine stetige Belieferung mit Sub-

---

[29] Vgl. Müller- Langer et al. 2009, S. 16-17.

straten gewährleistet sein. Während Gülle und Abfälle zu diesem Zweck das ganze Jahr verfügbar sind, kann die Ernte von Energiepflanzen nur in einem bestimmten Zeitraum erfolgen. Da diese bei der Herstellung von Biomethan den überwiegenden Anteil der Biogassubstrate ausmachen, ist eine ausgereifte Lagerinfrastruktur, die eine ganzjährige Substratversorgung ermöglicht, unabdingbar. Weil Biogassubstrate eine relativ geringe Energiedichte pro Volumeneinheit aufweisen, ist ein weiterer wichtiger Aspekt der Biomasselogistik die Transportwürdigkeit der verschiedenen Substrate. So können feste Einsatzstoffe derzeit bis zu 150 km mit dem Lkw transportiert werden, wohingegen der Transport flüssiger Einsatzstoffe schon ab einer Distanz von 20 km unwirtschaftlich wird, weil der Transportkostenanteil zu stark ansteigen würde.[30]

Bei den biogenen Festbrennstoffen unterscheiden sich die Konzepte nicht nur durch verschiedenartige Einsatzstoffe, wie es bei den Biogassubstraten der Fall ist. Die kurz-, mittel- und langfristigen Konzepte der Bio-SNG Anlagen weisen untereinander, für die gleichen Brennstoffe, jeweils andere logistische Ausgestaltungen und zeitliche Ausrichtungen der Prozessschritte auf.

Im kurzfristigen Konzept der Bio-SNG Anlagen wird ausschließlich Waldrestholz in Form von Kronen- und Schwachholz als Einsatzstoff genutzt. Dieses wird nach einer ausreichenden Lagerdauer mittels Hacker konditioniert, der die Hackschnitzel anschließend in einen Hakenliftcontainer (Wechselbehälter) einbläst. Hierdurch können die Standzeiten der Container- LKWs, die die Hackschnitzel in das Vorratslager der Konversionsanlage transportieren, minimiert werden. Sofern die Witterung es erlaubt, ist die Verfügbarkeit von Waldrestholz, im Gegensatz zu den nachwachsenden Rohstoffe und dem Getreide für die bio-chemische anaerobe Fermentation, das ganze Jahr gegeben. Wichtig ist jedoch, dass das Waldrestholz gewissen quantitativen und qualitative Ansprüchen der Bio-SNG Anlagen genügt. So weisen Waldhackschnitzel oft Wassergehalte von bis zu 40% auf, während für die Konversion Gehalte von 15%-20% optimal wären. Auch sollten die Hackschnitzel gleiche Längen, einen geringen Rinden- und Nadelanteil und niedrige Verschmutzungsgrade aufweisen.[31]

In dem mittelfristigen Konzept kommen neben Waldrestholz (R_1) auch Holz aus Kurzumtriebsplantagen (R_2) und Stroh zum Einsatz. Der Beschaffungsvorgang für Waldrestholz zum Zwischenlager, entspricht dem des kurzfristigen Konzeptes zum Vorratslager. Im mittelfristigen Konzept wird der Referenzpfad dann aber um einen Transport via Bahn erweitert, um dem erhöhten Bedarf an Festbrennstoffen gerecht werden zu können.[32] Aus dem offenen Kastenwagen der Bahn werden die Hackschnitzel dann durch eine Bodenentleerung über eine Schüttgosse in das Vorratslager der Bio-SNG Anlage befördert. Für das Holz aus Kurzumtriebsplantagen ergibt sich bis zum Zwischenlager eine andere Bereitstellungskette.

---

[30] Vgl. Müller- Langer et al. 2009, S. 17.

[31] Vgl. Müller- Langer et al. 2009, S. 18.

[32] Vgl. Müller- Langer et al. 2009, S. 23.

12

Nachdem das Holz mithilfe eines vollautomatischen Feldhäckslers schon während der Ernte gehäckselt wird, kann ein Lkw Sattelkipper die Holzschnitzel sofort zum Zwischenlager transportieren. Ab hier gilt für Holz aus Kurzumtriebsplantagen dann der gleiche Referenzpfad wie für Waldrestholz. Abbildung 3.2 veranschaulicht die Referenzpfade des mittelfristigen Konzepts für Waldrestholz und Holz aus Kurzumtriebsplantagen. Ebenfalls sind die Beschaffungsvorgänge für Stroh im mittel- und langfristigen Konzept ersichtlich.[33]

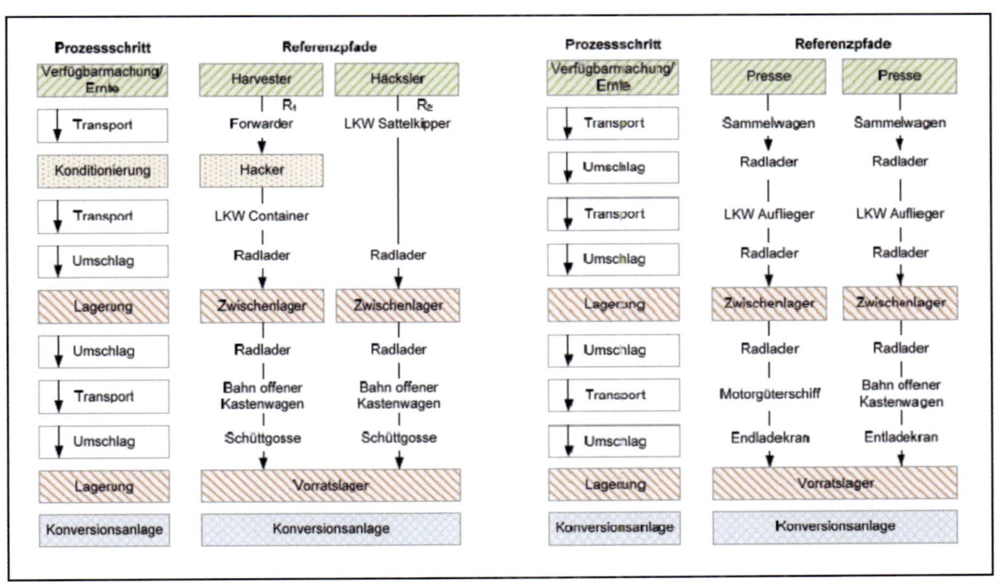

Abbildung 3.2: Referenzpfade von Festbrennstoffen im mittelfristigen Anlagenkonzept

Quelle: [Müller- Langer et al. 2009]

Die Bereitstellung von Stroh an das Zwischenlager erfolgt in beiden Konzepten auf die gleiche Art und Weise. Das Stroh wird wegen seiner geringen Energiedichte gepresst und gebündelt, um es dann via LKW an das Zwischenlager zu liefern. Von dort aus wird es dann mit der Bahn (mittelfristiges Konzept) oder mit dem Motorgüterschiff (langfristiges Konzept) zum Vorratslager der Bio-SNG Anlage transportiert, wo es mit einem Kran entladen wird.[34]

Im langfristigen Anlagenkonzept sind in Bezug auf Waldrestholz (R_2) und Holz aus Kurzumtriebsplantagen (R_4) die Referenzpfade des mittelfristigen Konzepts wiederzufinden. Diese werden jedoch jeweils um einen Bereitstellungspfad via Motorgüterschiff ergänzt (R_1 und R_3), um eine überregionale Bereitstellung von Biomasse zu ermöglichen.[35] Der Beschaffungsvorgang der beiden Festbrennstoffe bleibt in diesen Pfaden bis zum Zwischenlager der gleiche. Nach der Zwischenlagerung wird das Waldrestholz und das Holz aus Kurzumtriebsplantagen jedoch in ein Motorgüterschiff verladen. An der Konversionsanlage wird es dann mittels End-

---

[33] Vgl. Müller- Langer et al. 2009, S. 19.

[34] Vgl. Müller- Langer et al. 2009, S. 19-20.

[35] Vgl. Müller- Langer et al. 2009, S. 23.

ladekran auf ein Förderband geladen, das im Vorratslager der Anlage mündet. Zur Verdeutlichung sind die Referenzpfade des langfristigen Konzepts in Abbildung 3.3 dargestellt. Um die höheren Umschlags- und Bereitstellungsmengen, die durch einen Güterschifftransport erreicht werden können, zu ermöglichen, ist es jedoch von großer Bedeutung die Lagerstrukturen entsprechend anzupassen.[36]

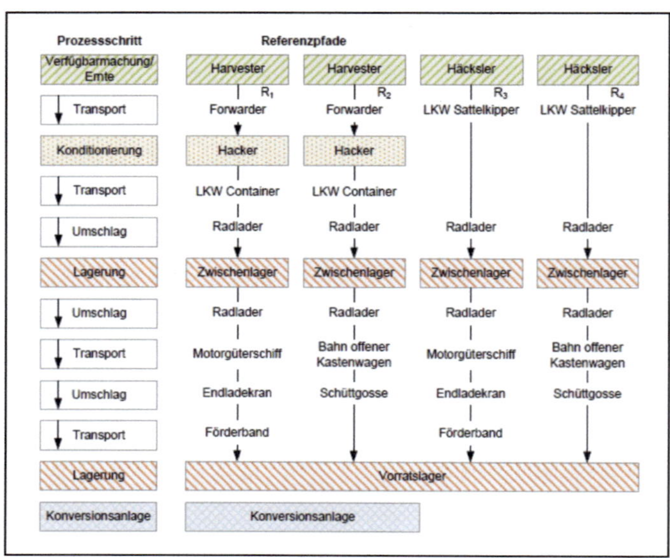

Abbildung 3.3: Referenzpfade von Festbrennstoffen im langfristigen Anlagenkonzept

Quelle: [Müller- Langer et al. 2009]

3.2 Erzeugung von Biomethan

Während sich die Gewinnung von Biomethan durch die Aufbereitung von Biogas aus der biochemischen anaeroben Fermentation bereits etabliert hat, ist eine konventionelle Nutzung der thermo-chemischen Vergasung erst im Jahr 2015 zu erwarten. Dennoch werden derzeit schon Demonstrationsanlagen betrieben, die das bedeutende Potenzial dieses Produktionsverfahrens fundieren, sodass im Folgenden beide Verfahren berücksichtigt werden.[37]

3.2.1 Gewinnung und Aufbereitung von Biogas

Da das Herstellungsverfahren für Biogas über die anaerobe Fermentation bereits seit vielen Jahren praktiziert wird, wird es an dieser Stelle nur kurz beschrieben. Die Zersetzung von Biomasse und die damit verbundene Erzeugung von Biogas ist durch anaerobe Stoffwechselvorgänge bedingt, die von Mikroorganismen hervorgerufen werden. Grundsätzlich läuft der Vergärungsprozess in den vier Schritten Hydrolyse, Versäuerung, Essigsäurebildung und Methanbildung ab, die sich bezüglich der beteiligten Bakterien unterscheiden. Weil Mikroorganismen die biologische Grundlage für die Biogas- bzw. Biomethangewinnung bilden,

---

[36] Vgl. Müller- Langer et al. 2009, S. 20-21.

[37] Vgl. Müller- Langer et al. 2008, S. 12.

14

orientiert sich die technische Ausgestaltung der Prozesse stark daran, optimale Lebensbedingungen für diese zu schaffen.

Aber nicht nur die Mikroorganismen, sondern auch die Eigenschaften der eingesetzten Substrate spielen für die technische Umsetzung eine große Rolle. Trotz spezifischer Technik, lässt sich für Biogasanlagen ein allgemeiner Verfahrensablauf feststellen, in dem die Anlagen bezüglich ihres systemtechnischen Aufbaus in vier Prozessstufen eingeteilt werden. Verdeutlicht werden diese Schritte durch Abbildung 3.4.

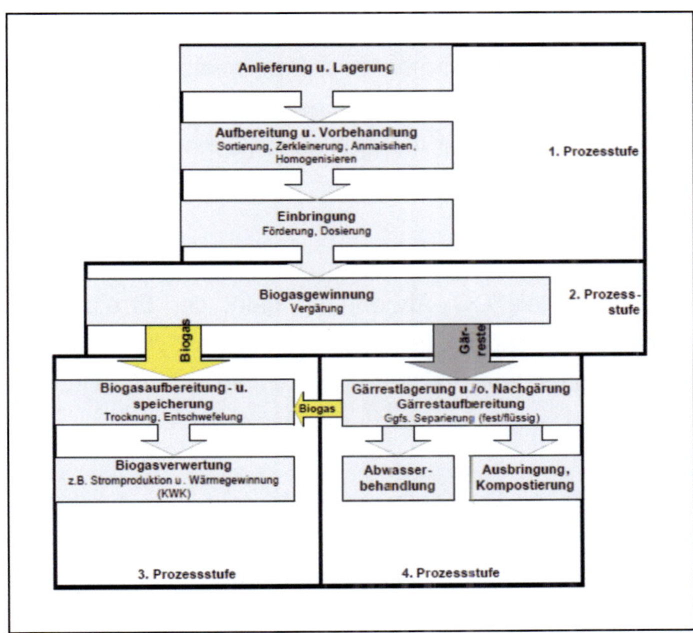

Abbildung 3.4: Prozessstufen der Biogasherstellung

Quelle: [Klinski et al.]

Neuer, und für die Gewinnung von Biomethan essenziell, ist jedoch die Aufbereitung des Biogases auf Erdgasqualität, der bezüglich der Untersuchung des Potenzials von Biomethan als Erdgassubstitut besondere Bedeutung eingeräumt werden muss. Denn nur mithilfe der Aufbereitung von Biogas, also der Umwandlung von Biogas zu Biomethan, können die in den DVGW-Regeln geforderten Gaseigenschaften für die Einspeisung in das Erdgasnetz erreicht werden.

Die Aufbereitung von Biogas besteht aus mehreren Schritten. Neben der Reinigung, d.h. der Entfernung fester und flüssiger Bestandteile, der Trocknung und der Entschwefelung des Gases, bedarf es auch einer Methananreicherung mittels CO_2-Abtrennung. Für diese Aufbereitungsschritte bieten sich mehrere Verfahren an, aus denen unter Berücksichtigung der technischen und wirtschaftlichen Rahmenbedingungen adäquate Lösungen zu wählen sind.[38]

---

[38] Vgl. Klinski et al. 2006, S. 25-26.

Für die Gastrocknung bietet sich unter anderem die Kondensationstrocknung an. Sie entspricht dem aktuellen Stand der Technik und zählt in der Industrie zu den wirtschaftlichsten Verfahren. Diese Art der Trocknung beruht im Wesentlichen darauf, dass sich durch die Abkühlung des Gases unter den Taupunkt Kondensat bildet, das als solches isoliert werden kann.[39]

Bei der Entschwefelung des Gases kann zwischen Grob- und Feinentschwefelung unterschieden werden. Eine Grobentschwefelung stellt zum Beispiel das chemische Verfahren der Sulfidfällung dar. Hierbei werden den Substraten vor oder im Fermenter Eisensalze zugegeben, wodurch das unlösliche Eisen(II)sulfid gebildet wird und sich als Salz im Gärgut ansammelt.[40] Für eine Feinentschwefelung bietet sich beispielsweise ein sorptionskatalytisches Verfahren mit imprägnierter Aktivkohle an. Bei diesem Verfahren wird durch eine katalytische Oxidation Schwefelwasserstoff an der Aktivkohleoberfläche gebunden. Die Imprägnierung mit chemischen Katalysatoren dient dabei unter anderem der Beschleunigung der Reaktionsgeschwindigkeit.[41]

Die Methananreicherung mittels CO_2-Abtrennung dient der Erreichung des notwendigen Brennwertes und Wobbe-Indexes und ist somit der letzte Schritt Richtung Erdgasqualität. Auch hier bieten sich verschiedene Verfahren an, wobei sich die Druckwasserwäsche und die Druckwechseladsorption weitestgehend durchgesetzt haben.

Bewährt hat sich vor allem die Druckwasserwäsche, die das in Europa meist verbreitete Verfahren ist. Sie beruht auf der unterschiedlichen Wasserlöslichkeit von Methan und CO_2. Nachdem das Rohgas über einen Kiesfilter geleitet wurde, um es von Feuchtigkeitstropfen und Schwebstoffe zu befreien, wird es zunächst auf 3 und anschließend auf 9 bar verdichtet und jeweils abgekühlt. Zur Lösung der sauren und basischen Bestandteile durchströmt das Gas dann eine Adsorptionskolonne. Die Kolonne ist meist in Form eines Rieselbettreaktors realisiert, in dem Wasser im Gegenstrom zum Gas von oben nach unten läuft. Während das Gas die Adsorptionskolonne durchströmt, lösen sich im Wasser seine basischen und sauren Bestandteile. Aber auch der größte Teil der Stäube und Mikroorganismen wird vom Wasser aufgenommen. Wurde das Wasser durch Druckabsenkung von diesen Stoffen befreit, kann es erneut eingesetzt werden. Eine gleichzeitige Entschwefelung ist bei der Druckwasserwäsche bis zu einer Rohgaskonzentration von 5000 ppm gewährleistet. Werden höhere Konzentrationen umgesetzt werden, muss dem Verfahren eine Entschwefelung mittels Aktivkohleschüttung folgen. Diesem Verfahren muss dann jedoch eine Trocknung des Gases vorgelagert werden, da sich während des Prozesses Wasserdampf im Gas sammelt.[42]

---

[39] Vgl. Klinski et al. 2006, S. 45.

[40] Vgl. Klinski et al. 2006, S. 27.

[41] Vgl. Klinski et al. 2006, S. 30.

[42] Vgl. Klinski et al. 2006, S. 39-40.

Die Druckwechseladsorption nutzt Aktivkohlen, Molekularsiebe oder Kohlenstoffmolekularsiebe, um das Biogas mittels kinetischer, sterischer und Gleichgewichtseffekte physikalisch zu trennen bzw. aufzubereiten. Das Prinzip der Druckwechseladsorption beruht im Grunde auf vier Teilschritten. Zunächst wird das Rohgas auf ca. 8 bar verdichtet, bevor es von unten nach oben durch den so genannten Adsorber, einen Behälter mit entsprechendem Molekularsieb, strömt. Bei diesem Vorgang werden Wasserdampf, CO_2 aber auch geringe Mengen an Methan gebunden. Kurz vor der Sättigung des Siebes bzw. des Adsorbers wird der Rohgasstrom in einen anderen, regenerierten Adsorber geleitet. Im zweiten Schritt findet durch eine erste Druckentspannung des gesättigten Adsorbers eine Desorption statt. Das hierbei anfallende Abgas weist jedoch noch einen hohen Methangehalt auf, weshalb es zur Ausbeutesteigerung in einen gerade regenerierten Adsorber geleitet wird, der so gleichzeitig wieder etwas Druck aufbauen kann. Der dritte Schritt besteht aus einer weiteren Druckentspannung auf Umgebungsdruck, wodurch die adsorbierten Wasserdampf- und CO_2-Moleküle freigesetzt und in die Umgebung abgegeben werden. Um den Adsorber vollständig zu regenerieren, wird mittels Vakuumpumpe ein Unterdruck erzeugt. Im vierten Schritt wird der bereits durch das methanhaltige Abgas aufgebaute Druck im zweiten Adsorber durch die Zuführung von verdichtetem Rohgas auf den prozessnotwendigen Enddruck gebracht.[43]

3.2.2 Bio-SNG Synthese durch Vergasung

Unter der Vergasung versteht man die thermo-chemische Konversion eines festen bzw. flüssigen kohlenstoffhaltigen Brennstoffs in ein brennbares Gasgemisch. Um optimale Bedingungen für eine Vergasung herbeizuführen. müssen die Festbrennstoffe einer mechanischen und thermischen Vorbehandlung unterzogen werden. In der Regel besteht die Vorbehandlung aus einer Zerkleinerung, Siebung und Trocknung der Vergasungsmedien. Die Ausprägungen der Prozesse, wie zum Beispiel die Form und Größe der Brennstoffpartikel oder der Trocknungsgrad, sind jedoch abhängig von dem jeweiligen Vergasungsverfahren. Eine Ausnahme stellt die Flugstromvergasung dar, die einen zerstäubbaren Brennstoff voraussetzt und so eine thermo-chemische Vorbehandlung benötigt.[44]

Eine Vergasung von Festbrennstoffen kann via Festbett-, Wirbelschicht- oder Flugstromvergaser erfolgen, dessen Aufbau in Abbildung 3.5 skizziert ist. Im Folgenden sollen jedoch nur die letzten beiden Vergasertypen beleuchtet werden. Um den Kohlenstoff der Biomasse in ein Gas zu überführen, wird bei allen Vergasertypen ein Vergasungsmittel, wie zum Beispiel Sauerstoff, Wasserdampf oder Kohlenstoffdioxid, benötigt.[45] Im Falle des Wirbelschichtvergasers wird das Vergasungsmittel dazu genutzt, das auf einem Anströmboden ruhende Bettmaterial (meist Quarzsand) aufzuwirbeln und mit Festbrennstoffpartikel zu vermischen. Durch die Verwirbelung kann das notwendige Temperaturniveau von 700 °C bis 900 °C gleichmäßig im ganzen Reaktor realisiert werden, sodass sich keine Temperatur- oder

---

[43] Vgl. Klinski et al. 20062006, S. 34-36.

[44] Vgl. Müller- Langer et al. 2009, S. 36.

[45] Vgl. Kaltschmitt et al. 2001, S. 600-602.

Reaktionszonen bilden können. Wirbelschichtvergaser sind vor allem für die allotherme Vergasung geeignet, da sich das Bettmaterial leicht erwärmen lässt und sich die Wärme gut auf das Vergasungsgut übertragen lässt. Das Produktgas verlässt den Reaktor mit hohen Temperaturen, wodurch sich eine Energierückgewinnung mittels nachgeschalteter Wärmeübertrager anbietet.[46]

Flugstromvergaser hingegen arbeiten ohne Bettmaterialien. Der speziell aufbereitete Brennstoff wird bei diesem Vergasungstyp zusammen mit dem Vergasungsmittel auf Temperaturen zwischen 1200 °C und 2000 °C erhitzt und durch den Reaktor geblasen. Durch das hohe Temperaturniveau und die geringe Größe der Brennstoffpartikel können diese beim Durchflug durch den Reaktor innerhalb von wenigen Sekunden vollständig vergast werden. Neben einer hohen Vergaserleistung ermöglichen die dem Verfahren zugrunde liegenden hohen Temperaturen ebenfalls, die Asche in flüssiger Form abzuziehen.[47]

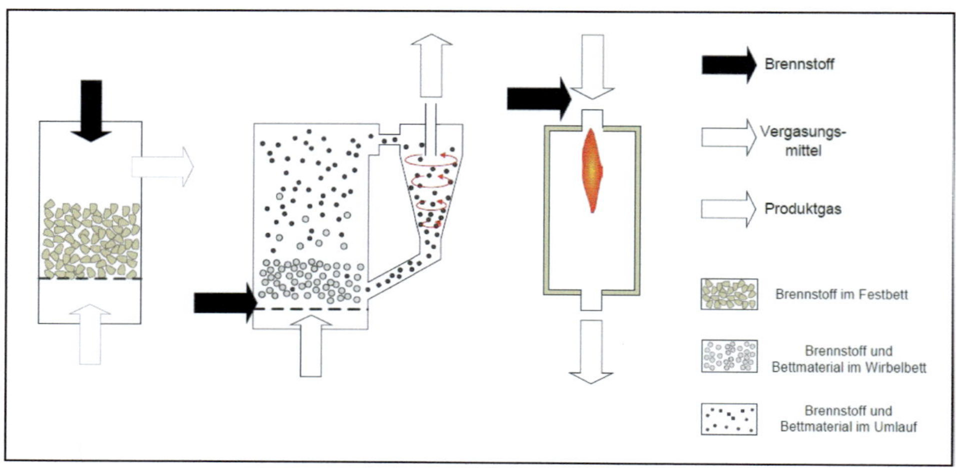

Abbildung 3.5: Grobaufbau von Festbett-, Wirbelbett- und Flugstromvergasern

Quelle: [Kaltschmitt, Ortwein 2010]

Das aus dem Vergaser geleitete Gas enthält in beiden Fällen eine Reihe von Verunreinigungen, die zu Erosionen, Korrosionen und Ablagerungen in nachgelagerten Anlageteilen führen können und deshalb entfernt werden müssen. Für die Entfernung von Partikeln, die vor allem bei einer Wirbelschichtvergasung anfallen, kommen vorwiegend Zyklone, Filter und elektrostatische Separatoren zum Einsatz, durch die ebenfalls eine grobe Teerentfernung vorgenommen wird. Zur weiteren Teerentfernung werden neben dem katalytischen und thermischen Cracken Wäschen mit organischen Lösungsmitteln wie Wasser genutzt. Wie das Gas der bio-chemischen anaeroben Fermentation muss auch das Gas der thermo-chemischen Vergasung vom Schwefel befreit werden. Hierfür kommen absorptive Verfahren wie basische Wäschen oder adsorptive Verfahren wie Aktivkohlebetten in Frage. Die Stickstoffentfernung,

---

[46] Vgl. Kaltschmitt et al. 2001, S. 609-610.

[47] Vgl. Kaltschmitt et al. 2001, S. 617.

die derzeit noch über Waschsysteme mit sauren Waschmitteln vorgenommen wird, wird in Zukunft auch durch katalytische Methoden möglich sein. Die genannten Verfahren, wie basische Wäschen, Wasserwäschen und Aktivkohlebetten werden ebenfalls für die Entfernung von Halogenverbindungen verwendet. Im Gas vorhandene Alkalien können aufgrund ihrer Kondensation bei Temperaturen unter 600 °C leicht mittels entsprechender Filter isoliert werden.[48]

Um eine für die Einspeisung ins Erdgasnetz angemessene Qualität zu erreichen, wird das Gas nach der Reinigung einer Methananreicherung (Methanisierung), CO_2-Abtrennung und Trocknung unterzogen. Die Methanisierung erfolgt mittels Nickelkatalysatoren bei Temperaturen zwischen 280 °C und 400 °C und einem Druck von 1 bis 60 bar. Unter diesen Reaktionsbedingungen ermöglichen die Katalysatoren eine Umwandlung von dem im Gas noch stark vertretenen Kohlenmonoxid bzw. -dioxid und Wasserstoff (H_2) zu Methan (CH_4) und Wasser (H_2O). Das für die Umwandlung optimale Verhältnis von Wasserstoff und Kohlenmonoxid sollte bei dieser Reaktion mindestens 3:1 betragen. Das aus den Vergasungsprozessen resultierende Gas weist jedoch H_2/CO-Verhältnisse von 0,3 bis 2,0 auf, weshalb der Methangehalt durch eine Wasserstoffzugabe oder aber die Konvertierung von Kohlenmonoxid in Wasserstoff und Kohlendioxid unter Anwesenheit von Wasser erhöht werden muss. Der Prozess der Methanisierung findet in dafür vorgesehenen Reaktoren statt, wobei hier wie bei der Vergasung, Festbettreaktoren und Wirbelschichtreaktoren genutzt werden. Das Prinzip der Methanisierung ähnelt demnach dem der Vegasung, weist jedoch gewisse Unterschiede bezüglich der beteiligten Stoffe auf. So findet zum Beispiel bei der Methanisierung im katalytischen Wirbeltbett als Bettmaterial Nickel anstatt Quarzsand Anwendung.[49]

Der Methananreicherung folgt die Kohlenstoffdioxidentfernung mit anschließender Trocknung. Um das im Gas vorhanden Kohlenstoffdioxid zu isolieren, haben sich grundsätzlich zwei Verfahrenstypen etabliert. So bieten sich zum einen, in erster Linie für kleine Anlagengrößen, adsorptive Verfahren an, bei denen das Kohlenstoffdioxid zum Beispiel mittels Aktivkohle oder Zeolithen gebunden wird. Zum anderen haben sich absorptive Verfahren, die auf physikalischen oder chemischen Absorptionsprozessen basieren, durchgesetzt. Die physikalischen Verfahren machen sich die im Vergleich zu Methan hohe Löslichkeit von Kohlenstoffdioxid in Lösungsmitteln wie Methanol zunutze. Chemische Verfahren hingegen beruhen auf Reaktionen zwischen dem Gas und einem entsprechenden Waschmedium (i.d.R. Wasser- amin-Lösungen). Das Kohlenstoffdioxid kann so gebunden und in Form von flüssigen Verbindungen vom Gas getrennt werden.

Die Trocknung des Gases kann wie bei der Biomethanherstellung aus Biogassubstraten durch eine Kondensationstrocknung vorgenommen werden. Für eine weitere Trocknung sind zudem adsorptive und absorptive Verfahren möglich, wobei sich in der Praxis aus Gründen der Wirtschaftlichkeit eher absorptive Glykol-basierte Verfahren durchgesetzt haben.[50]

---

[48] Vgl. Müller- Langer et al. 2009, S. 38-41.

[49] Vgl. Müller- Langer et al. 2009, S. 41.

[50] Vgl. Müller- Langer et al. 2009, S. 42.

3.3 Biomethandistribution

Durch die in Unterkapitel 3.2 beschriebenen Aufbereitungsverfahren gelingt es, Biogas aus der bio-chemischen anaeroben Fermentation sowie der thermo-chemischen Vergasung in Biomethan umzuwandeln. In dieser Form ist es in Hinblick auf Qualität und Einspeisefähigkeit von den meisten fossilen Erdgasen nicht mehr zu unterscheiden. Prinzipiell ergeben sich für Biomethan somit die gleichen Nutzungsmöglichkeiten wie für Erdgas.[51]

3.3.1 Einspeisung ins Erdgasnetz

Die Einspeisung von Biomethan erfolgt in das bereits bestehende Erdgasnetz. Dieses Netz ist mit einer Gesamtlänge von etwa 375.000 km, laut dem Deutschen Biomasse Forschungszentrum, gut ausgebaut und gewährleistet eine flächendeckende Versorgung der Bevölkerung. Das Erdgasnetz mit seinen Untergrundgasspeichern wird durch Abbildung 3.6 veranschaulicht. Eine Einspeisung von Biomethan kann dabei in unterschiedliche Netztypen erfolgen, welche anhand ihrer Druckstufen in Nieder- (bis 100 mbar), Mittel- (100 mbar bis 1 bar) und Hochdrucknetze (1 bis 120 bar) unterteilt werden. Ebenfalls ist eine Einteilung in die vier Versorgungsebenen internationales Ferntransportnetz, überregionales und regionales Transportnetz sowie regionales Verteilungsnetz üblich. Um die Bereitstellungskosten zu optimieren, sollte das aus den Aufbereitungsverfahren gewonnene Biomethan an den entsprechenden Netzdruck angepasst sein. Hierbei ist darauf zu achten, dass der Druck des einzuspeisenden Gases stets über dem in der Transportleitung herrschenden Druck liegt.[52]

Eine Einspeisung von aufbereitetem Biogas in das bestehende Erdgasnetz findet in Deutschland seit Ende des Jahres 2006 statt. Der rechtliche Rahmen hierfür wurde jedoch erst im Jahr 2008 mit der Novellierung der Gasnetzzugangsverordnung geschaffen.[53] Diese rechtliche Verankerung verhalf dem Thema dazu an Bedeutung zu gewinnen, sodass im Jahr 2010 schon fast 40 Anlagen ihr Biomethan ins Gasnetz speisten.[54] Die Gasnetzzugangsverordnung legt unter anderem fest, dass die Investitionskosten der Einspeiseanlage von Netzbetreiber und Einspeiser zu gleichen Teilen zu tragen sind. Weiterhin wird den Biomethanproduzenten ein vorrangiger Netzanschluss und Transport ihres Gases eingeräumt. Für die Netzbetreiber bedeutet das, dass die einzuspeisende Gasmenge in Zeiten geringen Bedarfes über den Aufnahmekapazitäten liegen kann, sodass das Gas verdichtet und in das übergeordnete Netz geschoben werden muss.[55] Durch die Einarbeitung des DVGW-Regelwerks werden in der Gasnetzzugangsverordnung ebenfalls Qualitätsansprüche an das einzuspeisende Gas gestellt, welche zugleich die technischen Anforderungen für die Einspeisungsanlagen implizieren. Die Arbeitsblätter G 260, G 262 und G 685 sind in diesem Zusammenhang unter anderem die wichtigsten Regelungen. Das Arbeitsblatt G 260 legt

---

[51] Vgl. Deutsche Energie-Agentur GmbH 2010 (d), S. 5.

[52] Vgl. Müller- Langer et al. 2009, S. 43-44.

[53] Vgl. Klaas 2008, S. 112.

[54] Vgl. Deutsche Energie-Agentur GmbH 2010 (b), S. 3.

[55] Vgl. Müller- Langer et al. 2009, S. 44.

hierbei fest, dass das eingespeiste Gas entweder Low- oder High-Gas Qualität aufweisen muss, um eine adäquate Nutzung der Geräte des Endverbrauchers zu bewerkstelligen. Aus dem gleichen Grund darf das Gas nach Arbeitsblatt G 262 gewisse CO_2- bzw. H_2-Gehalte nicht überschreiten. Für die Einhaltung dieser Kriterien, sowie für die dadurch entstehenden Kosten ist der Gaseinspeiser verantwortlich. Das Arbeitsblatt G 685 beinhaltet unter anderem die Beschreibung der Verfahren zur Gasabrechnung sowie Vorgaben, die einem einheitlichen Brennwertniveau des Gases dienen.[56]

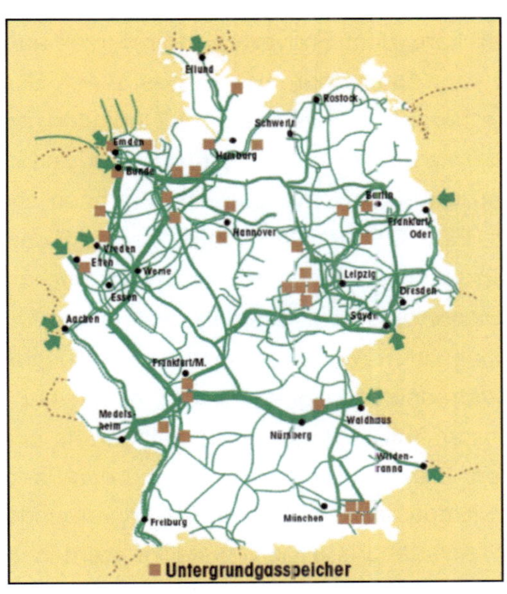

Abbildung 3.6: Erdgasnetz und Untergrundspeicher Deutschland

Quelle: [Verbundnetz Gas AG]

Vor einer Einspeisung ist zwischen den Vertragsparteien zu klären, ob das Gas nach Arbeitsblatt G 260 als Austausch- oder Zusatzgas eingespeist werden soll. Während Austauschgas mit dem zu ersetzenden Gas kompatibel ist und so zur Deckung des Grundbedarfs dienen kann, ist eine Zumischung als Zusatzgas nicht unbegrenzt möglich, ohne die Anforderungen an die Gasbeschaffenheit zu verletzen. Demnach wäre der Einspeisung als Austauschgas der Vorzug zu geben, obwohl sie mit einer Aufbereitung des Gases verbunden ist. Doch allein durch die Aufbereitung lassen sich nicht alle Gase substituieren. So bestehen einige Nordseegase beispielsweise aus Anteilen von bis zu 10%, aus weiteren Kohlenwasserstoffen wie Ethan, Propan oder Butan. Die Gase weisen hierdurch einen Brennwert auf, den Biomethan nur durch eine Konditionierung, d.h. eine Mischung mit Propan, erreichen kann. Aufgrund technischer Einschränkungen kann es jedoch möglich sein, dass die Konditionierung mit Propan und somit die Einspeisung als Austauschgas nicht möglich ist.

Die Konditionierung sowie die Einhaltung der eichrechtlichen Vorgaben am Ausspeisepunkt liegen nach DGWV-Arbeitsblatt G 685 im Verantwortungsbereich des Netzbetreibers. Ebenso hat dieser die Odorierung und die Messung der Gasbeschaffenheit durchzuführen.

---

[56] Vgl. Klaas 2008, S. 113-115.

Neben den dafür anfallenden Kosten hat der Netzbetreiber ebenfalls zu berücksichtigen, dass er für Biomethan eine kontinuierliche Gaseinspeisung sicherstellen muss, was zu Einbußen seines Erdgasabsatzes führen kann. Aber auch die lokale Gasnetzstruktur sowie eine mögliche Durchmischung von Bioerdgas und Erdgas sind bei der Entscheidungsfindung des Netzbetreibers mit einzubeziehen.[57]

3.3.2 Biomethan auf dem Strom- und Wärmemarkt

Die Energie aus Biomethan kann dem Endverbraucher derzeit auf drei Arten zur Verfügung gestellt werden. Zunächst kann Biomethan, wie Biogas, durch Blockheizkraftwerke, dessen prinzipielle Funktionsweise bereits in Unterkapitel 2.2 erläutert wurde, über Kraft- Wärme-Kopplung zu Strom und Wärme umgewandelt werden. Auch sind in diesem Zusammenhang Mikro-BHKWs zu erwähnen, die dem Endverbraucher zur häuslichen Strom- und Wärmebereitstellung dienen können. Eine Aufbereitung von Biogas zu Biomethan dient in erster Linie dazu, Biogas über das Erdgasnetz vom Ort der Entstehung zum Ort des Bedarfes zu transportieren. Dieser Transport ist immer dann sinnvoll, wenn für die anfallende Abwärme der Anlagen am Produktionsort keine oder keine ausreichende Verwendung gefunden werden kann. Liegt der Wärmenutzungsgrad vor Ort jedoch bei über 50%, ist die direkte Verstromung von Biogas einer Aufbereitung zu Biomethan und anschließender Einspeisung ins Erdgasnetz vorzuziehen. Dies resultiert überwiegend daraus, dass die die Aufbereitung und der Anschluss an das Erdgasnetz mit hohen Kosten verbunden sind, welche nur durch eine entsprechend große Anlagengröße bewerkstelligt werden könnten. Da der Verwertungspfad der Verstromung für Biomethan bisher der einzige ist, der durch das EEG definiert wird, orientiert sich die Nachfrage stark an den durch die Verstromung erzielbaren Erlösen, sowie den entsprechend marktfähigen Wärmepreisen. Doch im Wärmemarkt konkurriert Biomethan nicht nur mit fossilen und regenerativen Brennstoffen, sondern auch mit Erdgas, was die Marktsituation für Biomethan für die Nutzung in KWK-Anlagen erschwert.[58]

Die zweite Nutzungsmöglichkeit ist die Nutzung von Biomethan für die Wärmeerzeugung über Erdgasheizkessel. Diese sind bereits sehr verbreitet, da sie Voraussetzung für das Heizen mit Erdgas sind. Viele Energieanbieter bieten für diesen Verwertungspfad bereits Produktgase mit gewissen Biomethananteilen an. Zum Teil wird dem Verbraucher sogar reines Biomethan zur Verfügung gestellt. Da diese Gase zurzeit jedoch noch teurer als Erdgas sind und dem Verbraucher keinen finanziellen Vorteil verschaffen, beruht der Kaufanreiz bisher nur auf dem ökologischen Bewusstsein des Verbrauchers. Die letzte Nutzungsmöglichkeit für Biomethan ist der Einsatz im Kraftstoffsektor, der im nächsten Unterkapitel beschrieben wird.[59]

---

[57] Vgl. Klaas 2008, S. 113-117.

[58] Vgl. Urban 2010, S. 82-83.

[59] Vgl. Urban 2010, S. 83.

3.3.3 Biomethan als Kraftstoff

Vor dem Hintergrund der fortgesetzten Senkung der CO_2-Emissionen hat sich in der Automobilbranche Erdgas als umweltfreundliche Alternative zu den üblichen Otto- Kraftstoffen erwiesen. Im Vergleich zu herkömmlichen Motoren weisen Erdgasmotoren 90% weniger Schadstoffemissionen und 20% weniger CO_2-Emissionen auf. Aufgrund dieser Einsparungspotenziale und einem vergünstigten Steuersatz von Erdgas ist in den letzten Jahren die Anzahl der Erdgasfahrzeuge und Erdgastankstellen stark angestiegen. Da das Biokraftstoffquotengesetz die Mineralölwirtschaft verpflichtet, in den Jahren 2010 bis 2014 eine Biokraftstoffquote von 6,25% zu erfüllen, wurden weitere Kraftstoffalternativen aufgetan. Eine Alternative stellen flüssige Biokraftstoffe wie zum Beispiel Biodiesel oder Bioethanol dar, die ein CO_2- Einsparungspotenzial von durchschnittlich 50% aufweisen. Mit flüssigen Biokraftstoffen der zweiten Generation, die allerdings erst in einigen Jahren konventionell verfügbar sein werden, sollen sogar Einsparungen von bis zu 90% ermöglicht werden. Biomethan, das bereits jetzt verfügbar ist und ohne weiteres als Kraftstoff für Erdgasfahrzeuge eingesetzt werden kann, wird eine CO_2-Einsparungsquote von 80% zugesprochen. Hinzu kommt, dass es laut der Fachagentur für nachwachsende Rohstoffe e.V. eine doppelt bis dreifach so hohe Flächennutzungseffizienz wie Biodiesel aufweist. Das bedeutet, dass bei gleicher landwirtschaftlicher Fläche zwei bis dreimal so viel Biomethan wie Biodiesel hergestellt werden kann. Dementsprechend liegt auch die zu erzielende Kilometerleistung der Erdgasfahrzeuge, die mit Biomethan betrieben werden, weit über der, die durch Biodiesel oder Bioethanol betriebene Fahrzeuge zu realisieren ist.[60] Weil es im Jahr 2010 erst etwa 85.000 Erdgasfahrzeuge und rund 900 Erdgastankstellen in Deutschland gab, scheint dieser Absatzmarkt für Biomethan derzeit jedoch von eher geringer Bedeutung zu sein.[61]

---

[60] Seiler 2008, S. 62-67.

[61] Deutsche Energie-Agentur GmbH 2010 (c), S. 22.

4 Potenzial von Biomethan

Kapitel drei der Arbeit hat sich mit der Biomassebereitstellung, der Biogas- bzw. Bio-SNG-Produktion, deren Aufbereitung und Einspeisung sowie den Nutzungsmöglichkeiten von Biomethan beschäftigt. Um nun das Potenzial von Biomethan als Erdgassubstitut zu untersuchen, bietet es sich an, die ökonomischen, ökologischen, technischen aber auch rechtlichen Parameter dieses Gases zu analysieren.

4.1 Annuitätenmethode

Um die Wirtschaftlichkeit der Energiebereitstellung durch Biomethan zu bestimmen, ist es notwendig, sich den Kosten der verschiedenen Biogas und Bio-SNG Pfaden zuzuwenden. Entscheidend sind hier zunächst die Biomethangestehungskosten. Um diese zu ermitteln, kann auf ein Berechnungsmodell zurückgegriffen werden, das auf der VDI-Norm 6025/2067 beruht (Abbildung 4.1). „Die Annuitätenmethode ermittelt einen Durchschnittsgewinn, den ein Investor pro Periode entnehmen kann. Sie ist damit eine spezifische Variante der Kapitalwertmethode, welche den gesamten Wert eines Investitionsobjektes zu Beginn des Planungszeitraums ermittelt.“[62] Sie berechnet dabei jeweils jährlich die kapitalgebundenen Kosten, die Rohstoffkosten sowie die Betriebskosten und verrechnet diese mit den erzielbaren Erlösen für Kuppelprodukte. Unter Berücksichtigung der jährlich produzierten Biomethanmenge frei Erdgasnetz ergeben sich hierdurch die entsprechenden Gestehungskosten der unterschiedlichen Biomethanpfade in Cent pro Kilowattstunde.[63]

Grundlage für die Gegenüberstellung von kurz-, mittel- und langfristigen Konzepten mittels dynamischer Annuitätenmethode sind die Rahmenbedingungen des Jahres 2008. Der kalkulatorische Betrachtungszeitraum für die einzelnen Konzepte beträgt 15 Jahre, wobei sich die Abschreibungen auf den gleichen Zeitraum beziehen. Spezifische Steuern, Subventionen sowie der Aufwand für die Inbetriebnahme der Anlagen wurden nicht berücksichtigt.[64]

Für die kapitalgebundenen Kosten wurde eine Reihe von Annahmen getroffen. Die Angaben zur Finanzierungsstruktur der Investitionen, d.h. Eigenkapital- und Fremdkapitalanteile mit entsprechender Verzinsung, sind hierbei Abbildung 4.1 zu entnehmen. Was die Höhe der Investitionskosten der Anlagentechnik und Peripherie anbelangt, so wurden diese durch eine Skalierung auf Basis bekannter Datengrundlagen unter Einbeziehung der üblichen Regressionsfaktoren für derartige Anlagen ermittelt. Eine Veranschaulichung der spezifischen Investitionen ist der entsprechenden Studie des DBFZ zu entnehmen.[65]

---

[62] Dillerup, Albrecht 2005.

[63] Vgl. Müller- Langer et al. 2009, S. 70.

[64] Vgl. Müller- Langer et al. 2009, S. 71.

[65] Vgl. Müller- Langer et al. 2009, S. 72.

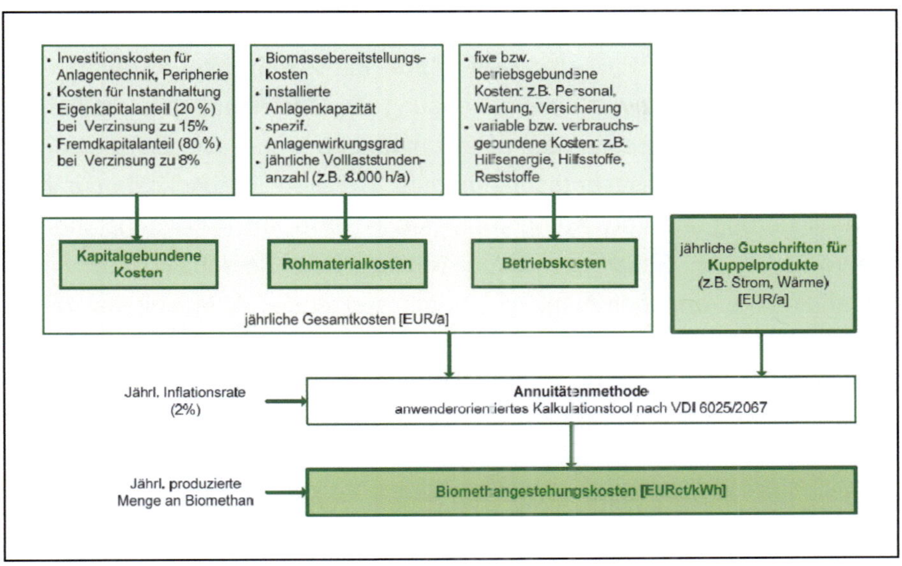

Abbildung 4.1: Kalkulationsmodell der dynamischen Annuitätenmethode

Quelle: [Müller- Langer et al. 2009]

Die Rohmaterialkosten, oder auch verbrauchsgebundene Kosten, setzen sich ebenfalls aus mehreren Bestandteilen zusammen. Für die Bestimmung der Biomassebereitstellungskosten wurden zunächst die Maschinen und Personalkosten bestimmt. In diesem Fall beruhen sie auf Angaben des Kuratoriums für Technik und Bauwesen in der Landwirtschaft (KTBF) und des Kuratoriums für Waldarbeit und Forsttechnik e.V. (KWF). Hinsichtlich der durchschnittlichen Flächenproduktivität sind Annahmen zu den Flächenerträgen getroffen worden, die auf einer Studie[66] für die nachhaltige Nutzung von Biomasse basieren. Die Preise für Biogassubstrate frei Feldfläche wurden mittels Monitoring bereitgestellt, während die Preise für biogene Festbrennstoffe frei Wald- bzw. Feldfläche durch Befragungen von gegenwärtigen Biomasseproduzenten und Rohstoffkäufern ermittelt wurden. Um diese Daten zu ergänzen, kam zusätzlich ein vom KTBF bereitgestelltes Kalkulationsprogramm für die Ermittlung der Produktionskosten von Energiepflanzen zum Einsatz. Ein Vergleich der Biomassebereitstellungskosten ist ebenfalls in der Studie des DBFZ zu finden.[67] Um die Entwicklung der Konzepte über die Zeit abzuschätzen, ist ein jährlicher Anstieg der Durchschnittserträge von Energiepflanzen um 0,5% und eine Optimierung der Bereitstellungstechnologie um jährlich 0,5% angenommen worden. Zur Schätzung der Entwicklung der technischen Biomassepotenziale wurde wiederum auf die bereits erwähnte Studie zurückgegriffen.[68]

Zuletzt sind die betriebsgebundenen Kosten und die Erlöse aus dem Verkauf von Kuppelprodukten zu berücksichtigen. Dem ersten Kostentyp sind die Kosten für Hilfsstoffe und Hilfsenergien frei Anlage zuzuordnen, für die im vorliegenden Fall der mittlere Marktpreis

---

[66] Vgl. Müller- Langer et al. 2006.

[67] Vgl. Müller- Langer et al. 2009, S. 74.

[68] Vgl. Müller- Langer et al. 2009, S. 73.

verwendet wurde. Auch die Kosten für die Entsorgung der Reststoffe frei Anlage sind Teil der betriebsgebundenen Kosten. Für Abwasser wurde mit 2 €/m³ und für Asche mit 150 €/t gerechnet. Der Entsorgung bzw. Weiterverwendung der Gärrestmengen, die bei der Biogasherstellung anfallen, wurde Kostenneutralität unterstellt, wobei die Entsorgungskosten für das Bettmaterial der Biomassevergasung bereits in deren Bezugskosten enthalten sind. Kosten für Versicherung und Verwaltung entstehen in Höhe von 1% und Instandhaltungskosten in Höhe von 1,5% der Gesamtinvestition. Bezüglich der Personalkosten wurden jährlich 50.000€ je Mitarbeiter angenommen, wobei mit steigender Anlagenkapazität und damit steigendem Automatisierungsgrad der Anlagen, mit durchschnittlich 0,08- 0,6 Mitarbeitern je MW gerechnet wurde. Gutschriften durch Überschusswärme wurden mit 0,03 €/kWh verbucht, während Überschüsse an Strom mit 0,08 €/kWh berücksichtigt worden sind.[69]

Die Ergebnisse der Annuitätenmethode, die einen Vergleich der Gestehungskosten frei Erdgasnetz für die kurz-, mittel- und langfristigen Konzepte erlauben, sind in Abbildung 4.2 dargestellt. Ebenfalls werden die mittleren Biomethangestehungskosten von Biogasanlagen für das Jahr 2005 veranschaulicht. Um einen Vergleich mit Erdgas zu ermöglichen werden neben dem Tankstellenpreis des Jahres 2008 auch die Erdgasgrenzübergangspreise nach der International Energy Agency und dem Bundesamt für Wirtschaft und Ausfuhrkontrolle angegeben. Zu erwähnen ist auch, dass Abbildung 4.2 neben den bereits genannten Kosten auch die Kosten für eine Konditionierung mittels Propanzugabe in die Kalkulation mit einbezieht.

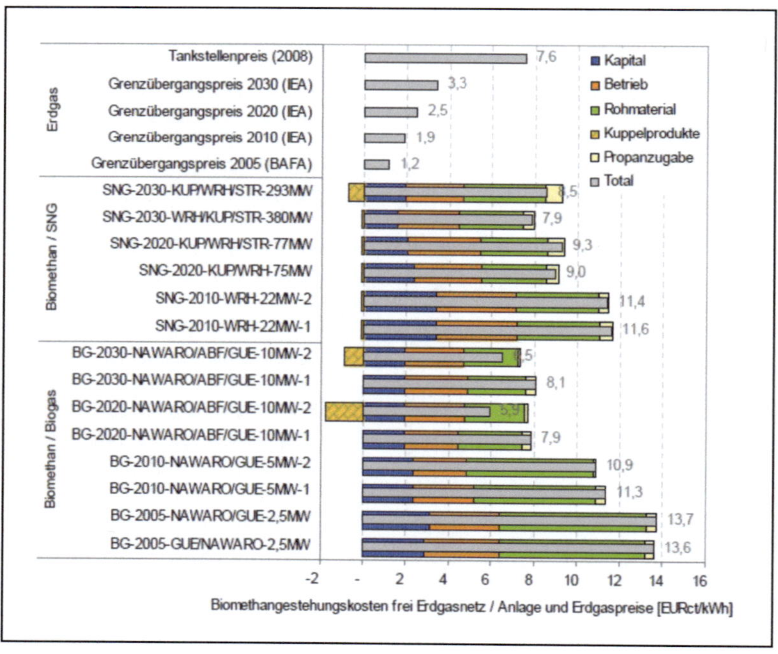

Abbildung 4.2: Biomethangestehungskosten der unterschiedlichen Referenzkonzepte

Quelle: [Müller- Langer et al. 2009]

---

[69] Vgl. Müller- Langer et al. 2009, S. 75.

Insgesamt zeigt sich, dass sowohl die Referenzkonzepte für Biogasanlagen als auch die für Vergasungsanlagen mit voranschreitender Zeit und wachsender Leistung die Möglichkeit zur Reduktion der Gestehungskosten aufweisen. Erwähnenswerte Unterschiede bezüglich der erzielbaren Kostenreduktion lassen sich beim Vergleich der beiden Anlagentypen jedoch erst in den Jahren 2020 und 2030 feststellen. Hierbei sollte jedoch berücksichtigt werden, dass die Anlagen mit unterschiedlichen Leistungsoutputs arbeiten und so nur bedingt verglichen werden können. Von größerer Bedeutung sind demnach die Einsparpotenziale innerhalb der Konzepte. In Bezug auf die Biomethan-Biogaskonzepte bieten vor allem die Anlagenkonzepte positive Ergebnisse, die für die Biogasaufbereitung Aminwäschen anwenden und anfallende Gärreste einer Verbrennung zuführen, um so Gutschriften für Kuppelprodukte zu erhalten (BG-2010/20/30-NAWARO/ABF/GUE-5MW-2). Während bei den Biomethan Biogaskonzepten somit durch unterschiedliche Technologieansätze auch verschiedene Ergebnisse bezüglich der Gestehungskosten erzielt werden, bleiben entsprechende Effekte bei den Biomethan-Bio-SNG-Konzepten aus. Auffallend sind jedoch die vergleichsweise hohen Kosten, die trotz Wärmegutschrift, bei einem Einsatz von Pyrolyseprodukten in der Flugstromvergasung (SNG-2030-KUP/WRH/STR-293MW) anfallen. Ursache hierfür ist die geringe Gesamteffizienz dieses Verfahrens, bei gleichzeitig hohen Investitionskosten für die technisch komplexe Anlage.[70] Vergleicht man die Gestehungskosten der kurz-, mittel- und langfristigen Referenzkonzepte von Biomethan mit den entsprechenden Grenzübergangspreisen von Erdgas, dann wird deutlich, dass diese sich laut der vorliegenden Prognose dem mit der Zeit steigenden Erdgaspreis zwar annähern, ihn aber bis zum Jahr 2030 nicht erreichen. So sind die Gestehungskosten für Biomethan im Jahr 2030 noch immer etwa doppelt so hoch wie die Erdgasgrenzübergangspreise des gleichen Jahres.

Die Gestehungskosten für Biomethan können ebenfalls für einen Vergleich auf dem Kraftstoffmarkt herangezogen werden. Abbildung 4.3 bezieht mögliche Gestehungskosten der Biomethan-Referenzkonzepte in die Ergebnisse internationaler Studien mit ein und vergleicht deren Gestehungskostenbandbreite. Innerhalb der Biokraftstoffkonzepte schneiden Biogas aus Reststoffen und Mais sowie Bio-SNG aus Lignocellulose bezüglich ihrer Kosten sehr gut ab. Lediglich die Gestehungskosten von Biodiesel aus Altspeiseöl und Soja sowie die von Bioethanol aus Zuckerrohr können zum Teil unter den Kosten für Biomethan liegen. Erwähnenswert ist aber vor allem, dass die Kosten für BTL-Kraftstoffe, je nach Konzept, deutlich über den Kosten der Biogas und Bio-SNG Kraftstoffe liegen können.[71]

Für den Kraftstoffendverbraucher interessanter sind jedoch die Nutzenergiebereitstellungskosten oder auch „Well to Wheel-Kosten". Sie spiegeln den Europreis pro Kilometer wider und umfassen dabei die die Kosten des Kraftstoffes, seiner Distribution und die des Fahrzeugs.

---

[70] Vgl. Müller- Langer et al. 2009, S. 77.

[71] Vgl. Müller- Langer et al. 2009, S. 82.

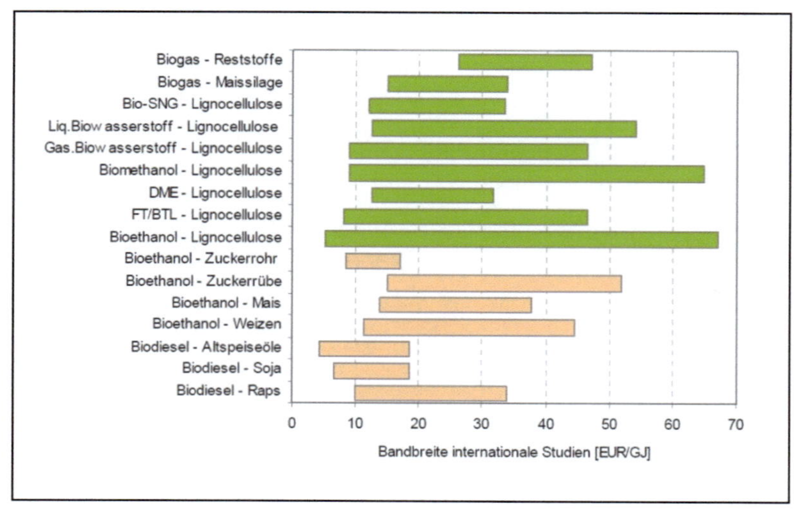

Abbildung 4.3: Vergleich von Biokraftstoffgestehungskosten

Quelle: [Müller- Langer et al. 2009]

Hierbei fließen die Kosten für den Kraftstoff und die Distribution jedoch nur in geringem Maße in die Kosten mit ein, sodass sie keinen wesentlichen Einfluss auf die Kosten haben. Ausschlaggebend für die Nutzenergiebereitstellungskosten sind demnach die Fahrzeugkosten. Denn weil Biomethan und Erdgas gleiche Brennwerte aufweisen, fallen diese für beide Gase etwa gleich hoch aus. Biomethan schneidet somit bezüglich seiner Well to Wheel-Kosten nahezu genauso ab wie Erdgas.[72] Der Vergleich und die Entwicklung der Kosten werden durch Abbildung 4.4 verdeutlicht.

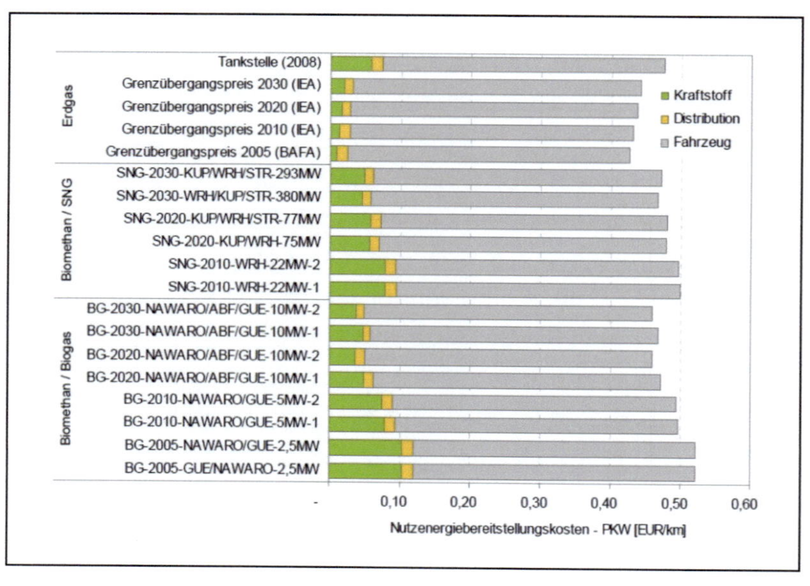

Abbildung 4.4: Well to Wheel-Kosten für Biomethan und Erdgas

Quelle: [Müller- Langer et al. 2009]

---

[72] Vgl. Müller- Langer et al. 2009, S. 82.

4.2 Methode der Ökobilanzierung

Während in Unterkapitel 4.1 die in Unterkapitel 3.1 beschriebenen Referenzpfade für Biogassubstrate und Bio-SNG Festbrennstoffe wieder aufgegriffen wurden, folgt nun eine relativ freie und eigenständige ökologische Analyse der derzeitigen und zukünftigen Referenzpfade für Biomethan.

Das Instrument der Ökobilanzierung dient der Erstellung eines Umweltprotokolls für ein Produkt, einen Herstellungs- oder Verfahrensprozess, eine Dienstleistung oder einen Produktionsstandort. Durch die Zusammenfassung spezifischer Umweltauswirkungen sollen Möglichkeiten für den effizienteren Einsatz von Rohstoffen und Energie sowie die damit einhergehende Reduzierung der Umweltbelastungen durch Schadstoffausstöße und Abfälle ausgewiesen werden. In der Regel dienen Ökobilanzen dazu, Produkte mit demselben Verwendungszweck bezüglich ihrer Einflüsse auf die Umwelt zu vergleichen. Zu diesem Zweck wird der gesamte Lebenszyklus des Produktes betrachtet. Hierzu wird neben der Rohstofferschließung und -gewinnung auch die Herstellung und Nutzung sowie die Entsorgung des Produktes berücksichtigt. Auch werden Vorprodukte und zum Teil sogar Hilfs- und Betriebsstoffe mit in die Analyse einbezogen. Das methodische Vorgehen der Ökobilanzierung wird durch international gültigen Normen ISO 14040 und 14044 definiert. Demnach besteht die Erstellung einer Ökobilanz aus vier Schritten: Festlegung des Ziels und Untersuchungsrahmens, Erstellung der Sachbilanz, Wirkungsabschätzung und Auswertung.[73] Im Folgenden wird die Methode der Ökobilanzierung mit einigen Einschränkungen auf die Produkte Erdgas und Biomethan angewendet.

Bei der Bestimmung des Ziels und des Untersuchungsrahmens wird unter anderem festgelegt, welche Produkte bilanziert werden sollen. Da Erdgas und Biomethan dem gleichen Zweck dienen, können sie im Zuge einer Ökobilanzierung gegenübergestellt werden. Den Untersuchungsrahmen für die Sachbilanz stellen in diesem Fall die Lebenswege der beiden Gase dar, die üblicherweise die Bereitstellung von Rohstoffen, die Aufbereitung, die Nutzung sowie die Entsorgung umfassen. Auf die Entsorgung wurde in der durchgeführten Bilanzierung jedoch verzichtet. Ziel des Vergleichs ist es, eine Aussage über Art und Ausmaß der Umweltauswirkungen der einzelnen Verwertungspfade zu treffen, sodass diese in Entscheidungsprozesse mit einbezogen werden können. Um Erdgas und Biomethan vergleichbar zu machen, wird ihnen eine sogenannte funktionelle Einheit zu Grunde gelegt. Die in dieser Bilanz genutzte funktionelle Einheit, auf die sich sämtliche Berechnungen und Ergebnisse beziehen, ist 1 GJ Biomethan.[74]

In der Sachbilanz werden anschließend die während des Produktlebensweges anfallenden Umweltbelastungen quantifiziert und zusammengefasst. Für die Ermittlung der mit den Prozessketten von Biomethan und Erdgas einhergehenden Umweltauswirkungen wurde die

---

[73] Umweltbundesamt 2000, S. 1-2.

[74] Umweltbundesamt 2000, S. 2-3.

Ökobilanzierungssoftware GEMIS verwendet, mit dessen Hilfe eine Kalkulation der entsprechenden Parameter vorgenommen werden konnte.[75]

Die darauffolgende Wirkungsabschätzung dient der Bestimmung der Größe und der potenziellen Bedeutung der Umweltauswirkungen. Um eine Bestimmung zu ermöglichen, werden die Ergebnisse der Sachbilanz passenden Wirkungskategorien zugeordnet. Vom Umweltbundesamt genutzte Wirkungskategorien sind unter anderem „Treibhauseffekt", „Beanspruchung fossiler Ressourcen" oder „Abbau des stratosphärischen Ozons". Jede dieser Kategorien besitzt gewisse Wirkungsindikatoren, anhand derer das Ausmaß der Umweltauswirkungen messbar gemacht wird. Die in der Sachbilanz von Erdgas und Biomethan ermittelten Werte wurden in die Wirkungskategorie „Treibhausgasemissionen (THG-Emissionen)" und „kumulierter nicht erneuerbarer Energieverbrauch" eingeordnet. Für die Treibhausgase wurde der Indikator „CO_2-Äquivalente" gewählt, während der kumulierte nichterneuerbare Energieaufwand aus fossilen und nuklearen Energieträgern in „GJ" wiedergegeben wird. Die für die Wirkungskategorie anhand des Indikators CO_2-Äquivalente gemessenen Werte für Erdgas, Biogassubstrate sowie Bio-SNG Festbrennstoffe in Blockheizkraftwerken und Gas- und Dampfheizkraftwerken werden durch Abbildung 4.5 und 4.6 illustriert.[76]

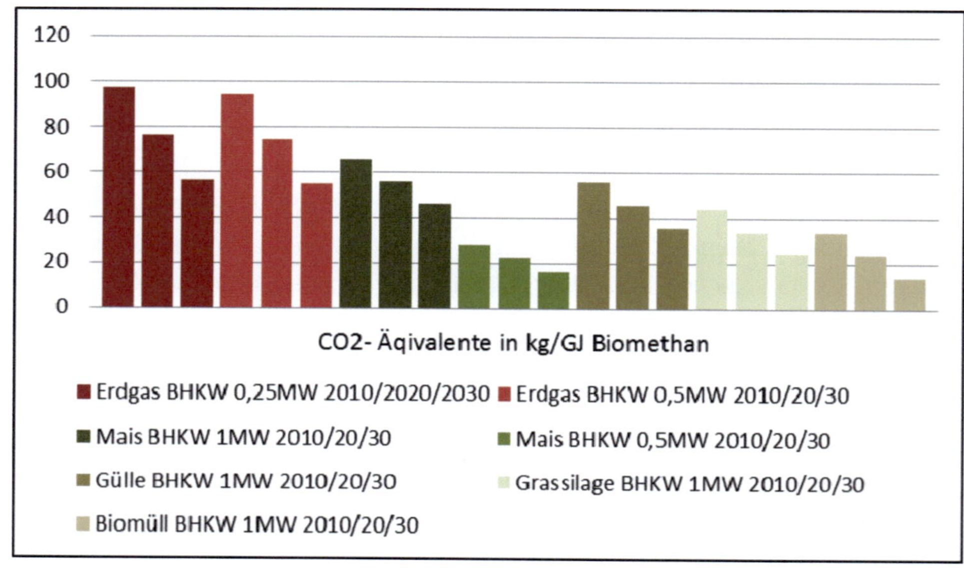

Abbildung 4.5: THG- Emissionen Blockheizkraftwerk

Quelle: [GEMIS]

Die mithilfe von GEMIS ermittelten Werte für CO_2-Äquivalente und kumulierte nicht erneuerbare Energieverbräuche basieren auf energiebezogener Allokation zwischen Strom und genutzter Koppelwärme, d.h. beide Produkte konnten in GJ definiert und so zusammenge-

---

[75] Umweltbundesamt 2000, S. 3.

[76] Umweltbundesamt 2000, S. 3.

fasst werden. Des Weiteren traten bei der Anwendung der Software Informationslücken bezüglich einiger Jahre auf, sodass die Diagramme unter diversen Annahmen erstellt worden sind. Die Annahmen werden im Folgenden beschrieben und gelten jeweils analog für CO_2-Äquivalente und GJ.

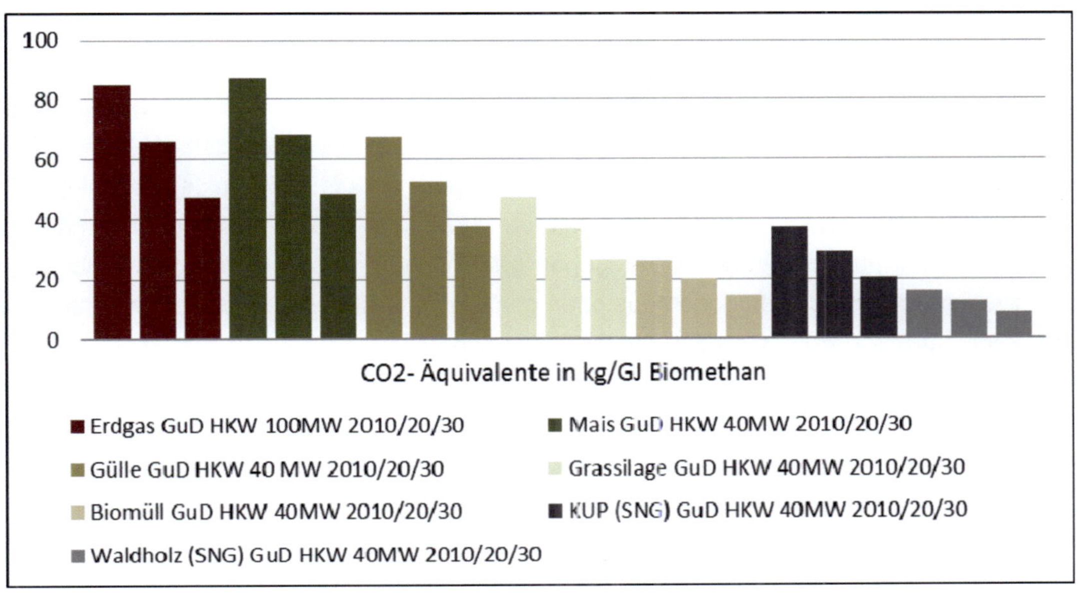

Abbildung 4.6: THG- Emissionen Gas- und Dampfheizkraftwerk

Quelle: [GEMIS]

Für die Werte von Biomethan aus Mais, Gülle, Grassilage und Biomüll im BHKW 2005/10/20/30 wurde eine gleichmäßige Abnahme angenommen. So konnten die fehlenden Werte der Jahre 2010/20 durch lineare Interpolation der entsprechenden Werte aus den Jahren 2005 und 2030 ermittelt werden. Bezüglich der Erdgas BHKWs verschiedener Leistungen, für die nur Daten des Jahres 2005 zur Verfügung standen, wurde angenommen, dass sich CO_2-Äquivalente und kumulierter nichterneuerbarer Energieverbrauch in ähnlichem Maße verringern, wie im Falle der Biomethan BHKWs. So wurde die jeweilige Abnahme der Werte dieser BHKWs über den Zeitraum von 25 Jahren in Prozent berechnet. Hieraus wurde der Durchschnitt gebildet und auf die Erdgas BHKWs übertragen. Dadurch war es möglich, die Werte des Jahres 2030 zu berechnen und für die Jahre 2010 und 2020 wiederum die lineare Interpolation anzuwenden. Im Falle der Gas- und Dampfheizkraftwerke lag für Biomethan aus Biogassubstraten und SNG- Festbrennstoffen nur Werte für das Jahr 2030 und für Erdgas nur der Wert aus dem Jahr 2005 vor. Um die Abnahme dennoch berechnen zu können, wurde auf vorhandene Bruttowerte des Gas- und Dampfheizkraftwerkes für Erdgas aus den Jahren 2000 und 2005 zurückgegriffen. Unter der Annahme, dass die Abnahme der Bruttowerte sich ebenso verhält wie die der energiebezogenen Allokation, konnte die prozentuale Abnahme der fünf Jahre auf den Erdgasfall angewendet werden, um die Werte für das Jahr 2000 zu ermitteln. Auch hier wurde eine lineare Abnahme unterstellt, sodass die Differenz zwischen dem Jahr 2000 und dem Jahr 2005 zur Ermittlung der Daten für 2010/20/30 genutzt werden konnte. Nachdem mit dem Wert des Jahres 2030 die gesamte Abnahme in Prozent berechnet wurde, war es möglich, die dem Jahr 2010 zu Grunde liegenden Werte für die Nutzung von Biomethan aus Mais, Gülle, Grassilage, Biomüll, Waldholz sowie Holz aus Kurzumtriebsplantagen in Gas- und Dampfheizkraftwerken zu ermitteln. Durch die anschließende lineare Interpolation konnten die fehlenden Werte für die Jahre 2010 und 2020 berechnet werden.

Nachdem nun die Ausmaße bzw. Größe der Kategorien mittels Indikatoren verdeutlicht wurden, muss die Wichtigkeit der einzelnen Umweltauswirkungen bestimmt werden. Eine Gewichtung der Wirkungskategorien kann je nach Kontext und individuellem Werturteil stark variieren. Das Umweltbundesamt hat zu diesem Zweck bereits ein Ranking vorgelegt, mit dessen Hilfe es diverse Gewichtung durchgeführt hat.[77] Weil bei der hier vorgenommenen Ökobilanzierung nur zwei Wirkungskategorien gewählt wurden und eine professionelle und objektive Bewertung der Kategorien aus oben genannten Gründen nur schwer umsetzbar ist, wird an dieser Stelle keine Gewichtung vorgenommen.

Im letzten Schritt der Ökobilanz werden die Ergebnisse der Sachbilanz und Wirkungsabschätzung zusammengeführt, um Schlussfolgerungen und Empfehlungen für alle beteiligten Parteien abzuleiten.[78] Bei Betrachtung der THG-Emissionen im BHKW wird deutlich, dass die Bereitstellung und Nutzung von Erdgas selbst in kleineren BHKWs (0,25/0,5 MW) mit wesentlich höheren Emissionen verbunden ist, als die von Biogassubstraten in BHKWs höherer Leistungsklassen (1 MW). Während die CO_2-Äquivalente für Erdgas im Jahr 2010 bei nahezu 100 kg pro GJ Biomethan liegen, befinden sich die entsprechenden Werte für Biomethan durchweg darunter. Es zeigt sich, dass Biomethan diesbezüglich ein Einsparpotenzial von bis zu 70kg gegenüber den Erdgasalternativen aufweist (Erdgas BHKW 0,25/0,5 MW im Vergleich zu Mais BHKW 0,5 MW). Etwas anders verhält es sich bei den Gas- und Dampfheizkraftwerken. Während Erdgas und Mais hier bezüglich der für die Bereitstellung und Nutzung anfallenden Emissionen etwa gleichauf liegen, befinden sich die der anderen Substrate wiederum unter denen von Erdgas. Besonders geringe Werte werden hierbei durch Holz aus Kurzumtriebsplantagen erreicht, das bezüglich seiner CO_2-Äquivalente etwa 70 kg unter denen von Erdgas liegt. Dabei ist jedoch zu beachten, dass die Nutzung von Erdgas über ein 100 MW Kraftwerk erfolgte, wohingegen für die Verwertung der Substrate und SNG- Festbrennstoffe ein 40 MW Kraftwerk genutzt wurde.

Bei dem durchgeführten Vergleich zwischen Erdgas und Biomethan wurde bezüglich der CO_2-Äquivalente keine Unterteilung nach ihrer Herkunft vorgenommen. Die Emissionen, die bei der Bereitstellung und Nutzung anfallen, wurden für beide Gase gleichbehandelt. Demnach wurde nicht zwischen fossilen und klimaneutralen CO_2-Äquivalenten unterschieden. Diese Einteilung wird üblicherweise vorgenommen, da sich fossiles CO_2 im Gegensatz zu seiner klimaneutralen Alternative auf das Klima auswirkt.

---

[77] Umweltbundesamt 2000, S. 4- 5.

[78] Umweltbundesamt 2000, S. 4.

Das bei der Biomethanproduktion und Nutzung freigesetzte Kohlenstoffdioxid wurde der Atmosphäre zuvor durch Biomasse entzogen und wird nach der Freisetzung wieder von anderer Biomasse aufgenommen. Es entsteht also kein Überschuss an Kohlenstoffdioxid, sodass diese Vorgänge als klimaneutral bezeichnet werden können.[79] Fossiles CO_2 wurde der Atmosphäre bereits vor Jahrmillionen entnommen und zum Beispiel in Form von Kohle, Erdöl oder Erdgas gespeichert. Bei der Förderung, dem Transport, aber vor allem bei der Verbrennung von Erdgas wird dieses Kohlenstoffdioxid wieder freigesetzt, was zu einer Überkonzentration in der Atmosphäre führt und negative Auswirkungen auf Klima und Umwelt hat. Doch im Grunde wurde auch dieses CO_2 einst der Atmosphäre entzogen, was die Thematik bzw. eine Abgrenzung von fossilem und klimaneutralem Kohlenstoffdioxid kontrovers gestaltet. Werden die Emissionen, die bei der Biomethanbereitstellung und Nutzung anfallen, tatsächlich als klimaneutral angesehen, bietet Biomethan ein Einsparpotenzial in Höhe der CO_2-Äquivalente, die durch die gesamten Prozessketten von Erdgas verursacht werden. Eine vollständige Erfassung der durch Erdgas verursachten Emissionen würde an dieser Stelle jedoch den Rahmen der Arbeit überschreiten. Einige dieser Prozessketten können aber, mit ihren entsprechenden Emissionswerten, den erstellten Diagrammen entnommen werden. Zu erwähnen bleibt jedoch, dass auch der Lebensweg von Biomethan, wie er in der Ökobilanzierung betrachtet wurde, nicht frei von fossilen Emissionen ist. Zwar kann die Nutzung im Idealfall klimaneutral ablaufen, doch das betrifft nicht den Abbau, den Transport sowie die Aufbereitung von Biogassubstraten und Bio-SNG-Festbrennstoffen. So kommen bei diesen Prozessen zum Beispiel landwirtschaftliche Maschinen bzw. Geräte zum Einsatz, die mit fossilen Kraftstoffen betrieben werden. Das gleiche gilt beispielsweise für LKWs, die die Einsatzstoffe zum Ort der Verwertung transportieren. Diese Energiebedarfe, die nicht aus erneuerbaren Quellen gedeckt werden können, sind unter anderem Bestandteil der nicht erneuerbaren Energieverbräuche. Weiterhin fallen auch in den jeweiligen Kraftwerken Verbräuche an, die nicht ausschließlich mit erneuerbaren Energien gedeckt werden können.[80] Das Ergebnis der Werteermittlung für den nicht erneuerbaren Energieverbrauch in GJ, die die gleichen Substrate bzw. Festbrennstoffe und Kraftwerkstypen berücksichtigt hat, zeigen Abbildung 4.7 und 4.8.

Bei den BHKWs zeigt sich, dass der Anteil der kumulierten nicht erneuerbaren Energieverbräuche für die Gewinnung von Biomethan wesentlich geringer ist als der für die Bereitstellung und Nutzung von Erdgas. So weist die Prozesskette von Erdgas im Jahr 2010 bei gleicher BHKW-Leistung zum Beispiel einen etwa achtmal so hohen Wert wie die Prozesskette auf, die der Biomethanerzeugung unter der Verwendung von Mais zugrunde liegt. Ein ähnliches Bild ergibt sich für die Gas- und Dampfheizkraftwerke. Auch hier weist die Biomethanherstellung über Mais, aber vor allem die über Waldholz sehr niedrige kumulierte nicht erneuerbare Energieverbräuche auf. Welche Empfehlungen sich aus den verschiedenen Ergebnissen ableiten lassen, wird neben anderen Aspekten in Kapitel 5 der Arbeit berücksichtigt.

---

[79] Deutsche Energie-Agentur GmbH (b) 2010, S. 4.

[80] Vgl. Prozessketten GEMIS.

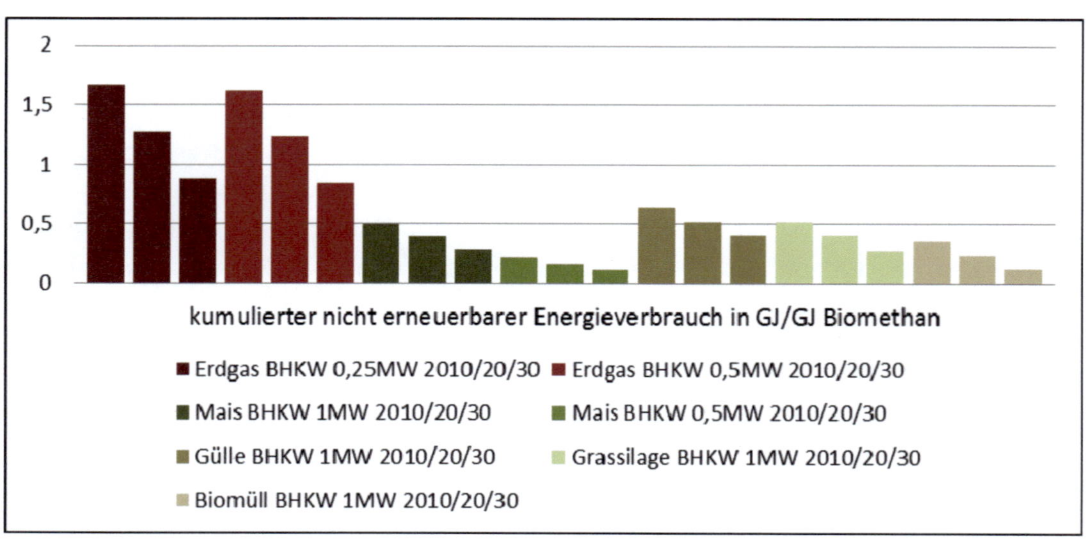

Abbildung 4.7: kumulierter nicht erneuerbarer Energieverbrauch Blockheizkraftwerk

Quelle: [GEMIS]

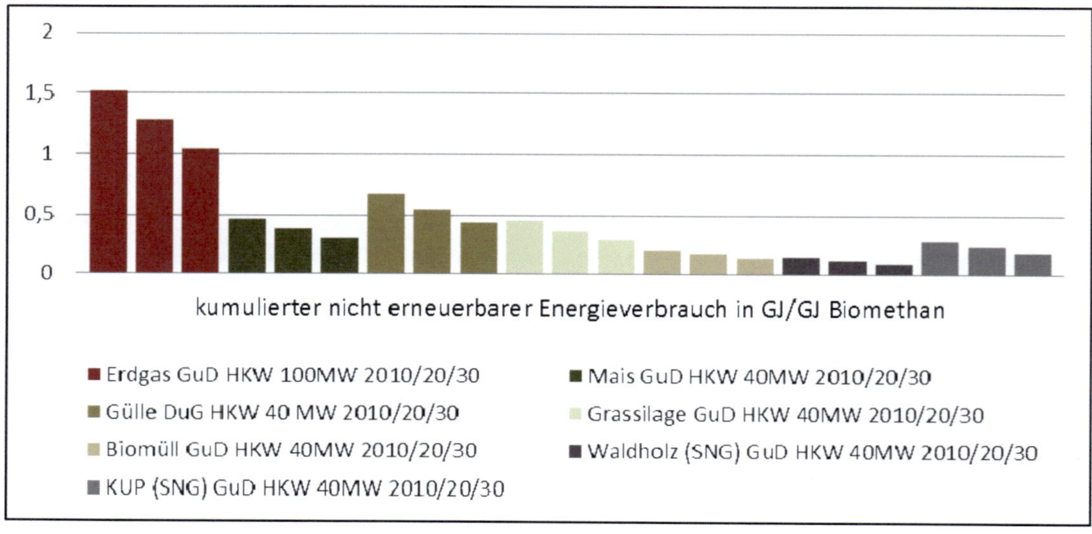

Abbildung 4.8: kumulierter nicht erneuerbarer Energieverbrauch Gas- und Dampfheizkraftwerk

Quelle: [GEMIS]

4.3 Technisches Potenzial

Nachdem das ökologische und ökonomische Potenzial von Biomethan beleuchtet wurde, wird nun auf die mit diesem Energieträger verbundenen technischen Aspekte eingegangen. So stellt sich, abgesehen von seinen ökonomischen und ökologischen Eigenschaften, die Frage, inwieweit Biomethan hinsichtlich der gegebenen technischen Voraussetzungen für eine Substitution von Erdgas geeignet ist. Um die Kapazitätsgrenzen aufzuweisen, gilt es verfügbare Nutzungstechniken und deren Wirkungsgrade zu analysieren. Auch ist in diesem Zusammenhang die Verfügbarkeit von Standorten hinsichtlich struktureller, ökologischer oder weiterer nicht technischer Hemmnisse zu berücksichtigen. Das technische Biomethanpotenzial, das sich unter Berücksichtigung dieser Einflussfaktoren für die Jahre 2005, 2010 und 2020 ergibt, wird in Abbildung 4.9 gezeigt. Das Biomasseangebot berechnet sich hierbei aus den forstwirtschaftlichen Potenzialen, den landwirtschaftlichen Flächenpotenzialen bzw. den spezifischen Flächenerträgen der Energiepflanzen sowie aus dem Potenzial von Reststoffen. Nicht in die Berechnung mit einbezogen wurden die Nutzungskonkurrenzen der Biomasseabsatzmärkte untereinander. Um zu verdeutlichen, welcher volumenmäßige Anteil des Erdgases, unter den genannten Restriktionen, durch Biomethan ersetzt werden könnte, wird ebenfalls der Erdgasverbrauch angeführt, der den jeweiligen Jahren zugrunde liegt.[81]

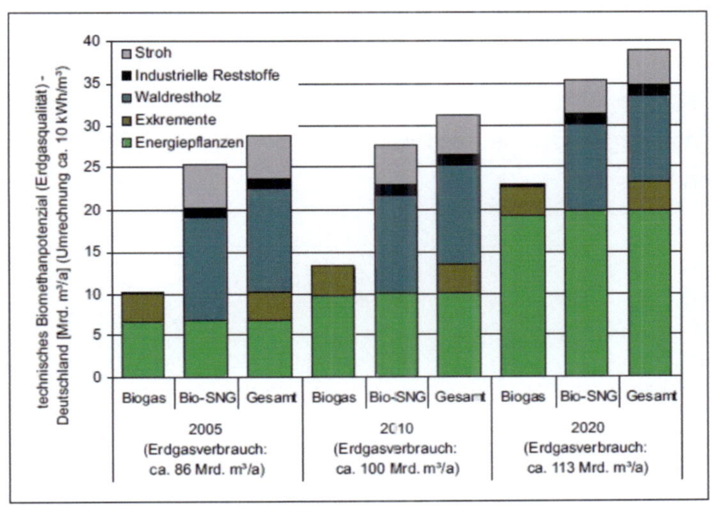

Abbildung 4.9: Technisches Biomethanpotenzial

Quelle: [Müller- Langer et al. 2008]

Für die Beurteilung des Substitutionspotenzials von Biomethan sind die in Abbildung 4.9 illustrierten Ergebnisse von eminenter Bedeutung. Denn unabhängig von der Umweltfreundlichkeit und der Wirtschaftlichkeit von Biomethan wird deutlich, dass ein vollständiger Ersatz von Erdgas bis zum Jahr 2020 laut der Prognose des DBFZ unrealistisch scheint. Zwar ist dem Diagramm zu entnehmen, dass das technische Potenzial von Biogas und Bio-SNG und damit das Gesamtpotenzial wächst und dass im Jahr 2020 bereits eine Bereitstellung von knapp 40 Mrd. Kubikmetern Biomethan ermöglicht wird, aber berücksichtigt man den erheblich höheren, ebenfalls wachsenden Erdgasverbrauch, so relativiert sich diese Zahl. Denn mit den 40 Mrd. Kubikmetern Biomethan würden sich nur knapp 34% des Erdgasbedarfes des Jahres 2020 decken lassen.

Die tatsächlich produzierte und ins Erdgasnetz eingespeiste Menge an Biomethan scheint jedoch weit von seinem technischen Potenzial entfernt zu sein. Denn betrachtet man die von der Deutschen Energie-Agentur veröffentlichte Projektliste bezüglich der Biogaseinspeisung in Deutschland, die im Rahmen des Projekts „biogaspartner" veröffentlicht und regelmäßig aktualisiert wird, so sind dort im Jahr 2010 44 Anlagen in Betrieb. Im Schnitt speisen diese

---

[81] Vgl. Müller- Langer et al. 2008, S. 10.

ca. 725 m³ Biomethan pro Stunde in das Erdgasnetz. Nimmt man eine relativ großzügige Volllaststundenanzahl von 7500 Stunden pro Jahr an, so ergibt sich für das Jahr 2010 eine Gesamtleistung von etwa 0,24 Mrd. m³, die einem theoretisch erreichbaren technischen Potenzial von rund 30 Mrd. m³ gegenüber steht.[82]

Diese Rechnung verdeutlicht, dass sich die Produktion und Einspeisung von Biomethan ins Erdgasnetz noch in ihren Anfängen befindet. Umso unrealistischer, nimmt die Deutsche Energie-Agentur GmbH an, scheinen unter diesen Voraussetzungen die Zielvorgaben der Bundesregierung, nach der bis zum Jahr 2020 eine Biomethanmenge von jährlich 6 Mrd. m³ und bis zum Jahr 2030 sogar ein Biomethanvolumen von jährlich 10 Mrd. m³ ins Erdgasnetz eingespeist werden soll.[83] Auch wenn diese Vorgaben unter den gegebenen Rahmenbedingungen kaum umsetzbar scheinen, so ist in den letzten Jahren dennoch eine stark steigende Anzahl von Biogasanlagen zu beobachten, die ihr Gas ins Erdgasnetz einspeisen bzw. einspeisen werden.[84]

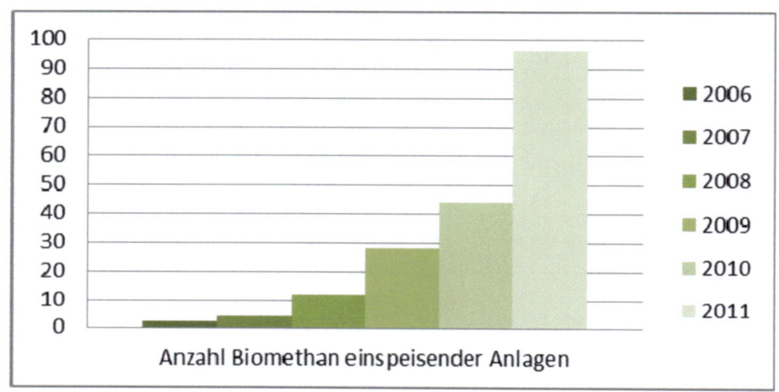

Abbildung 4.10: Entwicklung der Anzahl von Biomethananlagen

Quelle: [Deutsche Energie-Agentur GmbH]

Die Anzahl der Biogasanlagen, die ihr Gas ins Erdgasnetz einspeisen, stellt jedoch nur einen Teil des Optimierungspotenzials für die verbreitete Nutzung von Biomethan dar. Der andere Teil besteht aus der Optimierung der Verfahren zur Biogas bzw. Bio-SNG Herstellung und Aufbereitung sowie der Optimierung der Flächenerträge und Einsatzmengen von nachwachsenden Rohstoffen. Bei Betrachtung von Abbildung 4.9 ist anzunehmen, dass es bei der Verbesserung von Herstellungs- und Aufbereitungsverfahren nicht unbedingt darum geht Kapazitäten zu erweitern, sondern es vielmehr darum geht, Bemühungen zur Steigerung der Wirtschaftlichkeit bestehender Verfahren zu intensivieren oder neue, kostengünstigere Verfahren zu entwickeln, um Biomethan als attraktive Erdgasalternative auf dem Energiemarkt zu etablieren. So fehlt es im fermentativen Bereich unter anderem an kostengünstigen Entschwefelungsverfahren, die nicht zu Sauerstoffresten im Gas führen und so die anfallen-

---

[82] Vgl. Deutsche Energie-Agentur GmbH (biogaspartner)

[83] Vgl. Deutsche Energie-Agentur GmbH (d) 2010, S. 3.

[84] Vgl. Deutsche Energie-Agentur GmbH (biogaspartner)

den Kosten für die Beseitigung dieser Reste vermeiden können. Auch sind effizientere Verfahren für die Gärrückstandsverwertung, wie zum Beispiel eine Vergasung mit Gasrückführung in den Fermenter, in Betracht zu ziehen und diffuse Methanemissionen zu minimieren. Bezüglich des Bio-SNGs besteht unter anderem das Problem, dass das Rohgas oft zu geringe Heizwerte aufweist und sich so die Kosten für die anschließende Methanisierung erhöhen. Durch eine entsprechende Modifizierung der angewendeten Katalysatoren könnte die Kohlenstoffspaltung verhindert und somit der Heizwert erhöht werden. Zudem gilt es, die unterschiedlichen Eigenschaften von Lignocellulose-Biomasse durch Dauerbetriebsversuche zu analysieren, um für die thermo-chemische Vergasung, neben Holz, weitere, möglicherweise günstigere Alternativen aufzudecken.[85]

Bei Betrachtung von Abbildung 4.9 ist anzunehmen, dass speziell Energiepflanzen für die Biomethanerzeugung an Bedeutung gewinnen werden. Um deren Kosten zu reduzieren und so die Gestehungskosten für Biomethan zu senken, ist eine Steigerung der Flächenerträge erforderlich. Diesbezüglich hat sich vor allem Energiemais bewährt, der mittlerweile in fast allen Biogasanlagen in Deutschland verwendet wird. Dies rührt vor allem daher, dass Energiemais eine besonders hohe Leistungsfähigkeit mit einem relativ unproblematischen Anbau verbindet.[86] Welche Erträge und welches Potenzial Energiepflanzen und insbesondere Mais zugrunde liegt, verdeutlicht das Leipziger Institut für Energie und die KWS Saat AG, ein führendes deutsches Unternehmen der Saat- und Pflanzenzucht, durch Abbildung 4.11. Aus dem Diagramm geht hervor, dass die Energieerträge des Jahres 2008, nach den im Jahr 2010 von der KWS Saat AG vorgenommenen Kalkulationen, von 61.000 kWh auf zukünftig 105.000 kWh pro Hektar steigen, was einer Steigerung von etwa 72% entspricht.

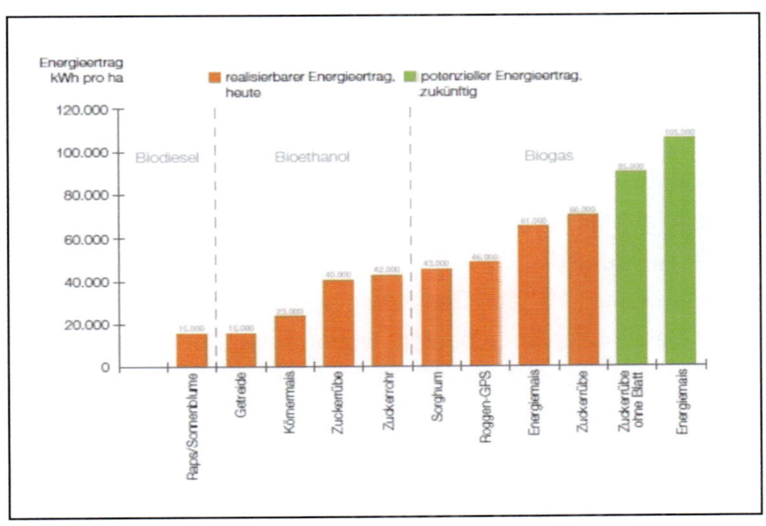

Abbildung 4.11: Flächenerträge und Potenzial von Energiepflanzen

Quelle: [KWS Saat AG 2010]

---

[85] Vgl. Unger 2008, S. 60-61.

[86] KWS Saat AG 2010, S.18.

4.4 Politische Rahmenbedingungen

In den vorangehenden Unterkapiteln wurden ökonomische und ökologische Aspekte des Energieträgers Biomethan erläutert. Es stellte sich heraus, dass der Einsatz von Biomethan gegenüber Erdgas erhebliche Einsparpotenziale in Bezug auf CO_2 äquivalente Treibhausgase bietet. Auch wurde gezeigt, dass das technische Potenzial der Biomethanherstellung noch weit von der Auslastung entfernt ist, sodass technische Restriktionen nicht als Ursache für die schwerfällige Marktetablierung von Biomethan gesehen werden können. Die Ergebnisse der Annuitätenmethode lassen jedoch vermuten, wo die Gründe für die schwache Entwicklung der Absatzmärkte liegen. Wie bereits in Unterkapitel 4.1 festgestellt, liegen die derzeitigen und zukünftigen Gestehungskosten für Biomethan weit über dem Grenzübergangspreis für Erdgas, weshalb die Nutzung von Biomethan zur Energiebereitstellung für den Abnehmer bisher wenig attraktiv ist. Im Umkehrschluss bedeutet das, dass die Produzenten ihr Biomethan nicht in ausreichendem Maße absetzen können und große Mengen des Gases in Gasspeichern vorgehalten werden müssen. Eine negative Folge dieser Situation ist, dass Einspeiseprojekte verschoben oder vollständig aufgegeben werden.[87]

Neben möglichen Kostenreduktionen durch die Optimierung von Prozessen und Einsatzstoffen, die zum Teil im letzten Unterkapitel beschrieben wurden, spielt der gesetzliche Rahmen für eine erfolgreiche Implementierung von Biomethan im Wärme-, Strom- und Kraftstoffmarkt eine sehr bedeutende Rolle, da durch diesen ebenfalls eine kostenbezogene Besserstellung von Biomethan erreicht werden kann. Im Jahr 2009 wurde mit dem bundesweiten EEWärmeG das erste gesetzliche Instrument verabschiedet, das der Förderung erneuerbarer Energien auf dem Wärmemarkt dient. Wie bereits in Teil zwei der Arbeit erwähnt, sieht dieses Gesetz eine Steigerung des Anteils erneuerbarer Energien für die Wärmebereitstellung auf 14% im Jahr 2020 vor. Um dies zu bewerkstelligen, besteht für Eigentümer seit dem 1. Januar 2009 die Pflicht, neu gebaute Gebäude vollständig mit Wärme aus regenerativen Quellen zu beheizen.[88] Für einen vermehrten Absatz von Biomethan im Wärmemarkt scheint diese Regelung zunächst vielversprechend. Doch betrachtet man den im Jahr 2008 neu errichteten Anteil an Wohnfläche (20 Mio. m²) und setzt diesen Anteil ins Verhältnis zu dem bereits vorhandenen Altbestand (3.500 Mio. m²), so wird deutlich, dass das EEWärmeG in diesem Jahr für nicht einmal 1% der Gesamtwohnfläche griff. Eine Pflicht zum Austausch bereits bestehender Heizungsanlange besteht bisher nur in Baden-Württemberg in Form des Erneuerbare- Wärmegesetzes (EWärmeG). Während der diesbezüglich geforderte 10% Anteil an regenerativen Energien hier ohne weiteres durch Biomethan zur Verfügung gestellt werden darf, verpflichtet das bundesweite EEWärmeG die Eigentümer von Neubauten dazu, Biomethan ausschließlich in einer KWK-Anlage zu nutzen und auf diesem Weg mindestens 30% des benötigten Wärmebedarfes zu decken. Grund hierfür ist unter anderem, dass dieser Weg in Bezug auf seine Energieausbeute als effizientester angesehen wird. Neben diesen Problemen dämpft die damit in Zusammenhang stehende, geringe Verbreitung von

---

[87] Vgl. Deutsche Energie-Agentur GmbH (d) 2010, S. 5.

[88] Vgl. Bundesministerium für Umwelt, Naturschutz und Reaktorsicherheit (IEKP).

Mikro-BHKWs die Nachfrage nach Biomethan.[89] Ein weiteres Gesetz des Wärmesektors ist die novellierte Energieeinsparverordnung (EnEV), durch welche der Einsatz von Biogas gefördert wird. Die im Jahr 2009 novellierte Verordnung soll den maximalen Primärenergiebedarf für Gebäude um 30% senken, setzt aber gleichzeitig für Biogas den Primärenergiefaktor von 0,5 fest. Das bedeutet, es kann doppelt so viel Primärenergie aus regenerativen Quellen verbraucht werden wie aus anderen Quellen.[90] Problem hierbei ist jedoch, dass dies nur für Biogas gilt, dessen Erzeugung und Verwertung in unmittelbaren Zusammenhang stehen. Eine Steigerung des Biomethanabsatzes kann hierdurch also nicht erwartet werden.[91]

Auch auf dem Strom- bzw. KWK-Markt sind diverse gesetzliche Mechanismen vorzufinden. So fördert das EEG hier die Verwendung von Biomethan durch die Einführung der Gasäquivalentnutzung, nach der dem Erdgasnetz entnommenes Gas bei Verstromung in einer nach EEG förderfähigen KWK-Anlage Anspruch auf eine Vergütung hat. Bedingung ist jedoch, dass eine äquivalente Menge Biomethan innerhalb eines Jahres an einer anderen Stelle in das Erdgasnetz eingespeist wird. Zudem sind bei der Verstromung von zuvor eingespeistem Biomethan, wie bei der Biogasherstellung, gewisse Boni zu erzielen. Während der Güllebonus, der die Verwertung von Gülle in Biogasanlagen subventioniert, bei einer Einspeisung entfällt, gilt der Bonus für nachwachsende Rohstoffe auch für die Verstromung des Gases im BHKW. Zu beachten ist hierbei jedoch, dass der Bonus, wie bei der Direktverstromung vor Ort, mit steigender Größe der Anlagen sinkt. Ein weiteres Förderinstrument ist das Kraft-Wärme-Kopplungsgesetz (KWKG), dessen Novellierung eine Steigerung des durch KWK-Anlagen bereitgestellten Stroms von derzeit 12% auf 25% im Jahr 2020 vorsieht und zur Erreichung dieses Ziels eine Verstromung in BHKWs vergütet.[92] Problematisch hierbei ist jedoch, dass durch diese Vergütung auch eine Verstromung von Erdgas über KWK-Anlagen gefördert wird. Durch seinen vergleichsweise günstigen Preis können die Kosten der Erdgasverstromung, trotz der EEG Vergütungen für Biomethan, unter den entsprechenden Kosten für Biomethan liegen und so für den Abnehmer unattraktiv werden. Dies gilt vor allem für größere KWK-Anlagen, da für sie der Nawaro-Bonus entsprechend gering ausfällt. Für den Wärmemarkt gilt das gleiche Problem. Hier liegen die Wärmegestehungskosten für Erdgas unter denen für Biomethan, sodass eine Wärmebereitstellung über ein Biomethan-BHKW meist unwirtschaftlich ist. Um dem sinkenden Biomethanabsatz zu begegnen, gilt es also, beide Förderinstrumente sorgsam aufeinander abzustimmen, um die Konkurrenz der Energieträger untereinander möglichst gering zu halten.[93] Wie sich ein Verzicht auf die Bonus- Degression und eine Befreiung der Netzentgelte auf die Wettbewerbsfähigkeit von Biomethan auswirken würde, zeigt Abbildung 4.12.

---

[89] Vgl. Deutsche Energie-Agentur GmbH (d) 2010, S. 19-20.

[90] Vgl. Bundesministerium für Umwelt, Naturschutz und Reaktorsicherheit (IEKP).

[91] Vgl. Deutsche Energie-Agentur GmbH (d) 2010, S. 19.

[92] Vgl. Bundesministerium für Umwelt, Naturschutz und Reaktorsicherheit (IEKP).

[93] Vgl. Deutsche Energie-Agentur GmbH (d) 2010, S. 24-27.

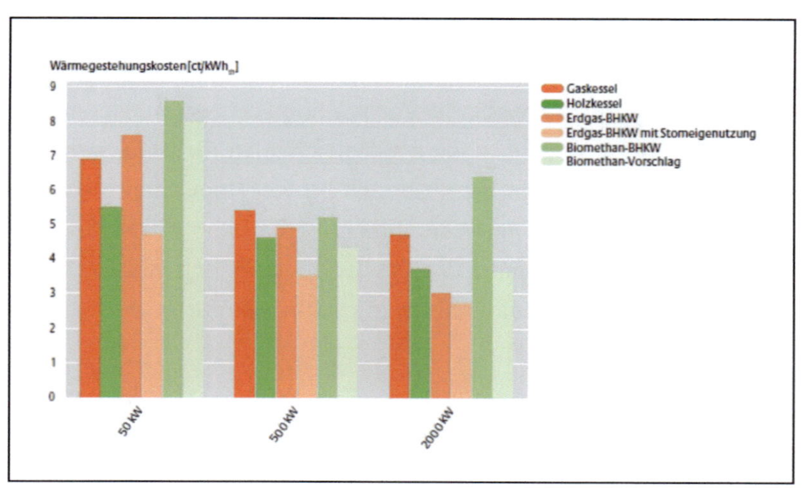

Abbildung 4.12: Einheitlicher Bonus für BHKWs verschiedener Leistungsklassen

Quelle: [Deutsche Energie- Agentur GmbH 2010]

Auf dem Kraftstoffmarkt wird die Lage von Biomethan mittlerweile von zahlreichen gesetzlichen Parametern bestimmt. So intensiviert die EU im Zuge des globalen Kyoto-Protokolls zunehmend die Bemühungen für den Einsatz von Biokraftstoffen, zu denen auch Biomethan gehört. Laut Richtlinie 2009/28/EG sollen bis zum Jahr 2020 10% des dem Verkehrssektor zugrunde liegenden Endenergieverbrauchs aus erneuerbaren Quellen stammen. Auch einigten sich die Europäische Kommission, Rat und Parlament darauf den Durchschnittsausstoß von PKW-Neuwagen und leichte Nutzfahrzeuge ab 2012 stufenweise zu begrenzen. In Zuge dessen soll ebenfalls eine Beimischung von Biokraftstoffen zu konventionellen Kraftstoffen erfolgen, um so eine Minderung des CO_2-Ausstoßes zu erzielen. Das Biokraftstoffquotengesetz (BioKraftQuG), das von der Bundesregierung Ende 2006 verabschiedet wurde, setzt diese Forderung der EU auf nationaler Ebene um. In diesem Zusammenhang sollen mit dem Gesetz zur Änderung der Förderung von Biokraftstoffen des Jahres 2009 Konkurrenzen bezüglich der Anbauflächen für die verschiedenen nachwachsenden Rohstoffe vermieden werden und in Bezug auf dessen Kultivierung ein stärkerer Fokus auf die Reduzierung der Treibhausgase gelegt werden. Der für Biomethan wichtigste Bestandteil der Novellierung war aber die Legitimierung der Beimischung zu Erdgas sowie der Verwendung als Reinkraftstoff, wodurch das Gas für Kraftstoffhändler weiterhin an Attraktivität gewinnt. Voraussetzung für die Anrechnung von Biomethan zur Erfüllung der geforderten Biokraftstoffquote ist jedoch die staatliche Anerkennung eines Systems zur Zertifizierung der nachhaltigen Erzeugung und Umwandlung sowie eines nachhaltigen Transportes des Biomethans.[94]

Bei Betrachtung dieses gesetzlichen Rahmens scheint Biomethan im künftigen Kraftstoffangebot durchaus eine Berücksichtigung gefunden zu haben. Sollten die Preise für Benzin und Diesel weiter steigen und für die Beimischung von Biomethan zu Erdgas auch langfristig Anreize, wie zum Beispiel die Steuerbefreiung, bestehen bleiben, so könnte auf diesem Weg

---

[94] Deutsche Energie-Agentur GmbH (d) 2010, S. 7-8.

40

eine Kompensation der hohen Kosten einer Biomethan Beimischung sowie der höheren Anschaffungskosten für Erdgasfahrzeuge stattfinden. Wesentlich für einen erfolgreichen Absatz von Biomethan auf dem Kraftstoffmarkt ist zudem der Ausbau der Infrastruktur zur Bereitstellung von Biomethan.[95]

---

[95] Vgl. Müller- Langer et al. 2009, S. 95-96.

5 Fazit und Zukunftsaussichten

Im Zuge dieser Arbeit wurden die wesentlichsten Sachverhalte behandelt, die mit der Substitution von Erdgas durch Biomethan in Zusammenhang stehen.

Zunächst wurde gezeigt, welche Tatbestände als Motivation für den Ersatz des Energieträgers Erdgas gesehen werden können. Neben den Treibhausgasemissionen, die durch die Bereitstellung und Nutzung dieses Gases entstehen, wurde auch seine Endlichkeit als ein Grund angeführt. Es wurde deutlich, dass begrenzte Erdgasreserven speziell für Deutschland ein Problem darstellen, welches sich letztendlich in einer vollständigen Importabhängigkeit äußern könnte. Zudem stellte sich die Ölpreisbindung, mit ihrem Einfluss auf den Erdgaspreis, als ein möglicher Nachteil dieses Energieträgers heraus.

Dass regenerative Energien an Bedeutung gewinnen, wurde anschließend anhand von diversen Entwicklungen des Energiemarktes belegt. Hier wurde vor allem Biomasse als ein zukunftsträchtiger Energieträger identifiziert. Bei Beleuchtung des Biogassektors erwies sich Biomethan als geeignet, die ortsgebundene Verwertung von Biogas zu überbrücken und hierdurch auch zur Erreichung der klimabezogenen Ziele der Bundesregierung beizutragen.

Für die Erzeugung von Biomethan wurden zwei Verfahren voneinander abgegrenzt. Die biochemische anaerobe Fermentation und die thermo-chemische Vergasung. Es zeigte sich, dass beide Verfahren andere Einsatzstoffe für eine Konversion verwenden und sich so bereits bezüglich ihrer Beschaffungsmechanismen unterscheiden. Auffallend war in diesem Kontext, dass für kurz-, mittel- und langfristige Konzepte der Biogasanlagen keine Änderung der Transportmittel festzustellen war, während für Vergasungsanlagen, aufgrund ihres erhöhten Biomassebedarfes, mittel- und langfristig eine Versorgung via Bahn und Güterschiff angenommen wird. Des Weiteren wurden die beiden Herstellungsverfahren für Biomethan voneinander abgegrenzt. Für die bio- chemische anaerobe Fermentation stellte sich das Aufbereitungsverfahren der Druckwechseladsorption, aber vor allem das der Druckwasserwäsche als Stand der Technik heraus. Zwar lies die thermo-chemische Vergasung ähnliche Aufbereitungsverfahren erkennen, aber durch die Beschreibung des Vergasungsprozesses mittels verschiedener Vergasertypen, wie zum Beispiel Wirbelschicht oder Flugstromvergaser, wurde deutlich, dass sich beide Verfahren in Bezug auf den Konversionsprozess wesentlich unterscheiden.

Weiterhin wurde verdeutlicht, mit welchen Anforderungen und rechtlichen Rahmenbedingungen eine Einspeisung von Biomethan ins Erdgasnetz verbunden ist. Als Absatzmärkte, die sich durch die ortsungebundene Nutzung des Gases eröffneten, wurden der Wärme-, KWK- (Strom- und Nahwärmenetz) und Kraftstoffmarkt identifiziert.

Zum Zweck einer ökonomischen Untersuchung wurden die Gestehungskosten für Biomethan mit dem Grenzübergangspreis von Erdgas verglichen. Diesbezüglich zeigte sich, dass die Gestehungskosten beider Verfahren bzw. Konzepte über dem Preis von Erdgas liegen und ihn laut Prognose, trotz umgesetzter Kostenreduktionen, bis zum Jahr 2030 nicht unterschreiten werden. Bei dem Blick auf den Kraftstoffmarkt schnitten die Gestehungskosten für Biomethan im Vergleich zu den Kosten für andere Biokraftstoffe recht gut ab. Vor allem bezüglich der Well to Wheel-Kosten waren kaum bemerkbare Unterschiede zwischen Erdgas und Biomethan zu erkennen.

Als Ergebnis der Ökobilanzierung ließ sich feststellen, dass eine Bereitstellung und Verwertung von Biomethan im Blockheizkraftwerk sowie im Gas- und Dampfheizkraftwerk in der Regel mit einem geringeren Ausstoß von CO_2 äquivalenten Gasen verbunden ist als die von Erdgas. Es wurde deutlich, dass eine Verwertung von Biomethan, je nachdem, ob eine Unterscheidung von fossilem und erneuerbarem Kohlenstoffdioxid vorgenommen wird, sogar als CO_2-neutral bezeichnet werden kann. Als weiteres Ergebnis ließ sich festhalten, dass die Bereitstellung und Nutzung von Biomethan zum Zweck der Energiegewinnung mit wesentlich geringeren nicht erneuerbaren kumulierten Energieverbräuchen einhergeht, als die von Erdgas.

Bei Betrachtung des technischen Potenzials fiel auf, dass selbst bei Ausschöpfung dieses Potenzials eine vollständige Substitution von Erdgas derzeit nicht möglich scheint und auch für die Zukunft nicht prognostiziert wurde. Durch die Erfassung der Anzahl einspeisender Biogasanlagen und diverser Annahmen zu der Leistung und den Produktionsmengen wurde zudem verdeutlicht, dass die tatsächliche Produktionsmenge und das technische Potenzial wesentlich voneinander abweichen. Positiv fiel in diesem Zusammenhang jedoch die steigende Anzahl an einspeisenden Biogasanlagen auf, die zumindest auf eine gesteigerte Ausschöpfung des Potenzials hinweisen. Auch wurden die hohen Gestehungskosten für Biomethan als Hemmnis für eine erfolgreiche Marktetablierung definiert. Als mögliche Optimierungsbereiche wurde neben Kosteneinsparungen bei der Biomethanherstellung auch auf Einsparungen durch höhere Flächenerträge von Energiepflanzen in Betracht gezogen.

Als wichtiges Instrument für eine preisliche Besserstellung von Biomethan wurden auch politische bzw. gesetzliche Rahmenbedingungen aufgegriffen. Grundsätzlich lässt sich diesbezüglich festhalten, dass hinsichtlich der Etablierung von Biomethan auf dem Wärme-, Strom- und Kraftstoffmarkt bereits diverse gesetzliche Förderinstrumente bestehen. Es wurde jedoch auch deutlich, dass einige dieser Mechanismen bezüglich einer erfolgreichen Marktimplementierung von Biomethan als fragwürdig angesehen werden können.

Zusammenfassend kann gesagt werden, dass Biomethan Erdgas zwar in ökologischer Hinsicht überlegen ist, es aber aufgrund der durch die Arbeit aufgezeigten Faktoren derzeit und laut Prognosen auch in absehbarer Zukunft kaum als wirtschaftlich angesehen werden kann. Trotz des hohen technischen Potenzials, das Biomethan zugrunde liegt, scheint eine vollständige Substitution von Erdgas, so zeigte die Arbeit, nicht realisierbar. Es ist anzunehmen, dass Biomethan im betrachteten Zeitraum lediglich in der Lage sein wird, Erdgas zu einem vergleichsweise geringen Teil zu ersetzen.
Dennoch ist eine Intensivierung der Bemühungen für den Einsatz von Biomethan zu beo-

bachten, die sich unter anderem durch eine Ausweitung der politischen Förderinstrumente äußert. Weil diese Mechanismen bereits jetzt die Wirtschaftlichkeit der Bereitstellung und Verwertung von Biomethan, durch zum Beispiel Boni oder steuerliche Freistellungen, steigern konnten, ist anzunehmen, dass eine Ausweitung der Substitution von Erdgas am ehesten durch derartige Instrumente vorangetrieben werden kann. Biomethan könnte so mit sinkenden Erdgasressourcen und hierdurch steigendem Erdgaspreis schon bald als konkurrenzfähige Erdgasalternative seinen festen Platz in der Energiewirtschaft einnehmen.

Literaturverzeichnis

Bayerngas, http://www.bayerngas.de/data/06_verantwortung/verantwortung_umwelt.html,
Zugriff am 02.12.2010 um 20:54.

BP p.l.c.: BP Statistical Review of World Energy 2010,
http://www.bp.com/liveassets/bp_internet/globalbp/globalbp_uk_english/reports_and_publica
tions/statistical_energy_review_2008/STAGING/local_assets/2010_downloads/statistical_rev
iew_of_world_energy_full_report_2010.pdf, Zugriff am 02.12.2010 um 20:57.

Bundeministerium für Umwelt, Naturschutz und Reaktorsicherheit (a),
http://www.bmu.de/erneuerbare_energien/kurzinfo/doc/3988.php, Zugriff am 02.02.2011 um
14:31.

Bundeministerium für Umwelt, Naturschutz und Reaktorsicherheit (b),
http://www.erneuerbare-energien.de/inhalt/4759/, Zugriff am 02.12.2011 um 14:32.

Bundesministerium für Umwelt, Naturschutz und Reaktorsicherheit 2009 (c),
http://www.bmu.de/files/pdfs/allgemein/application/pdf/ee_in_deutschland_graf_tab_2009.pdf
, Zugriff am 28.12.2010, 16:03.

Bundeministerium für Umwelt, Naturschutz und Reaktorsicherheit (d),
http://www.erneuerbare-energien.de/inhalt/40556/, Zugriff am 11.12.2010 um 16:45.

Bundesministerium für Umwelt, Naturschutz und Reaktorsicherheit (IEKP),
http://www.bmu.de/klimaschutz/nationale_klimapolitik/doc/44497.php, Zugriff am 30.01.2011
um 14:53.

Bundesministerium der Justiz, Juris GmbH: Gesetz für den Vorrang Erneuerbarer Energien
(Erneuerbare-Energien-Gesetz - EEG),
http://bundesrecht.juris.de/eeg_2009/BJNR207410008.html, Zugriff am 11.12. 2010 um
13:32.

Bundesgesetzblatt online, Gesetz zur Neuregelung des Rechts der Erneuerbaren Energien
im Strombereich,
http://www.bgbl.de/Xaver/start.xav?startbk=Bundesanzeiger_BGBl&bk=Bundesanzeiger_BG
Bl&start=//*[@attr_id=%27bgbl104s1918.pdf%27], Zugriff am 11.12.2010 14:42.

Bischof, A., BDEW: Erdgasmarkt Deutschland – Stand, Trends und Perspektiven, in:
Nachwachsende Rohstoffe e.V. (Hrsg.): Gülzower Fachgespräche Band 29, Erdgassubstitute aus Biomasse – Eine Bestandsaufnahme, 2008, S. 99- 111.

Deutsche Energie-Agentur GmbH (a), Grüne Mobilität aus dem Gasnetz,
http://www.dena.de/fileadmin/user_upload/Download/Veranstaltungen/2010/Vortr%C3%A4g
e_biogaspartner/6_Dr_Timm_Kehler_erdgas_mobil.pdf, Zugriff am 28.12.2010, 15:06.

Deutsche Energie-Agentur GmbH 2010 (b): Biogaseinspeisung – Die intelligente Lösung für
die Zukunft,
http://www.dena.de/fileadmin/user_upload/Download/Dokumente/Publikationen/erneuerbare
energien/Biogaspartner/Biogaseinspeisung-
_Die_intelligente_L%C3%B6sung_f%C3%BCr_die_Zukunft.pdf, Zugriff am 12.01.2011 um
12:09.

Deutsche Energie-Agentur GmbH 2010 (c), Erdgas und Biomethan im künftigen Kraftstoff-
mix- Handlungsbedarf und Lösungsansätze für eine beschleunigte Etablierung im Verkehr,
2010, http://www.dena.de/fileadmin/user_upload/Download/Pressemitteilungen/2010/dena-
Studie_Erdgas_und_Biomethan_im_Kraftstoffmix.pdf, Zugriff am 30.01.2011 um 15:12.

Deutsche Energie-Agentur GmbH 2010 (d), Biomethan im KWK- und Wärmemarkt – Status
Quo, Potenziale und Handlungsempfehlungen für eine Beschleunigte Marktdurchdringung,
http://www.dena.de/fileadmin/user_upload/Download/Dokumente/Studien___Umfragen/Studi
e_Biomethan_im_KWKundW%C3%A4rmemarkt.pdf, Zugriff am 30.01.2011 um 14:46.

Deutsche Energie-Agentur GmbH (biogaspartner),
http://www.biogaspartner.de/index.php?id=10074, Zugriff am 26.01.2011 um 20:16.

Dillerup, R., Albrecht, T.: Haufe Rechnungswesen Office, Rudolf Haufe Verlag GmbH & Co.
KG, Freiburg, 2005, http://isc.hs-heilbronn.de/Publikationen/Annuitaetenmethode.pdf, letzter
Zugriff am 26.01.2011 um 15:35.

Erdmann, G., Zweifel, P.: Energieökonomik – Theorie und Anwendungen, 2. Auflage,
Springer Verlag, Berlin Heidelberg 2008

Energie Agentur. NRW, http://www.ea-
nrw.de/erdgas/page.asp?TopCatID=3767&CatID=3780&RubrikID=3780, Zugriff am
02.12.2010 um 20:21.

Energiewissen, http://www.energie-
wissen.info/energiegesetze/stromeinspeisungsgesetz.html, letzter Zugriff am 11.12. 2010 um
12:13.

Fachagentur Nachwachsende Rohstoffe e.V. (a): Biogas – Eine Einführung, 6. Überarbeitete
Auflage, Juli 2009.

Fastenergy, http://www.fastenergy.de/heizoelpreis-gaspreis.htm, Zugriff am 10.12. um 19:03.

Institut für Energetik und Umwelt GmbH in Kooperation mit Prof Dr. Stefan Klinski und der DBI Gas- und Umwelttechnik GmbH, Fachagentur für nachwachsende Rohstoffe e.V.: Studie – Einspeisung von Biogas in das Erdgasnetz, 2. Auflage, Leipzig, 2006.

Kaltschmitt, M., Hartmann, H., Hofbauer, H.: Energie aus Biomasse – Grundlagen, Techniken und Verfahren, 2. Auflage, Springer- Verlag Berlin Heidelberg, 2001.

Kaltschmitt, M., Ortwein, A., DBFZ – Deutsches Biomasseforschungszentrum gemeinnützige GmbH: Verfahrensoptionen zur Biomassenutzung, 2010, http://www.bioenergie-portal.info/fileadmin/bioenergie-beratung/sachsen/dateien/Vortraege/ortwein_saechsischer-bioenergietag_20101118.pdf, Zugriff am 15.12.2010 um 14:26.

Klaas, U., Deutsche Vereinigung des Gas- und Wasserfaches: Systemintegration und Logistik von Erdgassubstituten aus Biomasse in das bestehende Erdgasnetz – Perspektiven und Probleme, in: Nachwachsende Rohstoffe e.V. (Hrsg.): Gülzower Fachgespräche Band 29, Erdgassubstitute aus Biomasse – Eine Bestandsaufnahme, 2008, S. 112- 119.

Kroneberg, J., Boehnke, J.: Die EEX- Strom und Gasbörse als Instrument wettbewerblicher Preisbildung, Berlin, 2010, Gashttp://www.enreg.de/content/material/2010/28.05.2010.Kroneberg.Boehnke.pdf, Zugriff am 02.12.2010 um 22:12.

KWS Saat AG, http://www.kws.de/aw/KWS/germany/innovation/~cnzu/Energiepflanzen/, letzter Zugriff am 28.01.2001 um 16:32.

Landesamt für Bergbau, Energie und Geologie, 2010, http://www.lbeg.niedersachsen.de/live/live.php?navigation_id=564&article_id=9784&_psmand=4, Zugriff am 02.12.2010 um 21:56.

Müller- Langer, F., Rönsch, S., Weithäuser, M., Oehmichen, K., Seiffert, M., Majer, S., Scholwin, F., Thrän, D. DBFZ – Deutsches Biomasseforschungszentrum gemeinnützige GmbH: Erdgassubstitute aus Biomasse für die mobile Anwendung im zukünftigen Energiesystem, April 2009.

Müller- Langer, F., Rönsch, S., Weithäuser, M., Oehmichen, K., Seiffert, M., Majer, S., Scholwin, F., DBFZ – Deutsches Biomasseforschungszentrum gemeinnützige GmbH: Erdgassubstitute aus Biomasse im Überblick – Ökonomische und Ökologische Parameter im Vergleich, in: Nachwachsende Rohstoffe e.V. (Hrsg.): Gülzower Fachgespräche Band 29, Erdgassubstitute aus Biomasse – Eine Bestandsaufnahme, 2008, S. 9- 32.

Müller- Langer, F., Rönsch, S., Weithäuser, M., Oehmichen, K., Seiffert, M., Majer, S., Scholwin, F., Thrän, D., DBFZ – Deutsches Biomasseforschungszentrum gemeinnützige GmbH: Erdgassubstitute aus Biomasse für die mobile Anwendung im zukünftigen Energiesystem, April 2009, nach: Trähn, D. et al: Sustainable strategies for biomass use in the European Context, Leipzig, 2006.

Ortwein, A., Kaltschmitt, M., DBFZ - Deutsches Biomasseforschungszentrum gemeinnützige GmbH: Verfahrensoptionen zur Biomassenutzung, http://www.bioenergie-portal.info/fileadmin/bioenergie-beratung/sachsen/dateien/Vortraege/ortwein_saechsischer-bioenergietag_20101118.pdf, Zugriff am 11.01.2011 um 11:45.

Seiler, J.,: Chancen für Erdgasantriebe, in: Nachwachsende Rohstoffe e.V. (Hrsg.): Gülzower Fachgespräche Band 29, Erdgassubstitute aus Biomasse – Eine Bestandsaufnahme, 2008, S. 62- 67.

Umweltbundesamt: Handreichung Bewertung in Ökobilanzen, 2000, http://www.probas.umweltbundesamt.de/download/uba_bewertungsmethode.pdf, Zugriff am 17.01.2011 um 14:21.

Unger, C., Frauenhofer UMSICHT: Biogaseinspeisung – Strategien zur techno- ökonomischen Umsetzung unter Effizienz- und Nachhaltigkeitsaspekten, in: Nachwachsende Rohstoffe e.V. (Hrsg.): Gülzower Fachgespräche Band 29, Erdgassubstitute aus Biomasse – Eine Bestandsaufnahme, 2008, S. 49- 61.

Urban, F., Fraunhofer-Institut für Umwelt-, Sicherheits- und Energietechnik UMSICHT: Biomethan als flexibler Energieträger – Energetische Effizienz und Wirtschaftlichkeit, 2010, http://www.gat-dvgw.de/fileadmin/gat/newsletter/pdf/pdf_2010/03_2010/ewp_0910_82-87_Urban.pdf, Zugriff am 15.01.2011.

Verbundnetz GasAG, http://www.stromsparer.de/tpl/default/gfx/gasFaq/Erdgasleitungen_Deutschland.gif, Zugriff am 09.01.2011, 19:44.

Verivox (a), http://www.verivox.de/ratgeber/oelpreisbindung-25519.aspx, Zugriff am 03.02.2011 um 16:18.

Verivox (b), http://www.verivox.de/ratgeber/gastarife-ohne-oelpreisbindung-53646.aspx?p=2, Zugriff am 10.12.2010 um 17:43.

Wirtschaftslexikon Gabler, http://wirtschaftslexikon.gabler.de/Definition/energietraeger.html, Zugriff am 02.12.2010 um 19:32.

Weiland, P.: Ergebnisse aus dem aktuellen Biogasmessprogramm II, in: Nachwachsende Rohstoffe e.V. (Hrsg.): Gülzower Fachgespräche Band 32, Tagungsband „Biogas in der Landwirtschaft – Stand und Perpektiven", 2009, S. 14- 25.

Der Autor

Jan-Claudio Sachar wurde 1987 in Göttingen geboren. Nach seinem Abitur und dem Zivildienst begann er 2008 sein Studium der Betriebswirtschaftslehre an der Georg-August-Universität Göttingen, das er 2011 mit dem akademischen Grad ‚Bachelor of Science' in Business erfolgreich abschloss. Während und nach dem Studium qualifizierte er sich durch eine Tätigkeit als studentische Hilfskraft sowie durch einschlägige Praktika. Ende 2011 nahm er sein Masterstudium an der Otto-von-Guericke-Universität Magdeburg auf und arbeitet nun neben dem Studium als wissenschaftliche Hilfskraft in einer Unternehmensberatung.

Bereits vor dem Studium bestand bei dem Autor ein großes Interesse an ökonomischen Themengebieten, welches sich durch sein Studium wesentlich manifestierte. Im Verlauf des Bachelorstudiums entwickelte er vor allem zum Bereich Produktion und Logistik eine Affinität, die letztlich dazu führte, dass er seine Bachelorarbeit an der gleichnamigen Professur der Universität Göttingen verfasste. Durch den Forschungsschwerpunkt des Lehrstuhls bot sich ihm die Möglichkeit, sich im Rahmen seiner Bachelorarbeit mit dem Themenbereich der nachhaltigen Energie auseinanderzusetzen, zu dem der Autor bereits seit jungen Jahren ein reges Interesse hegt.